中国建筑学会标准

居住建筑防疫设计导则

Guidelines for epidemic prevention design of
residential buildings

T/ASC 27 – 2022

批准单位：中国建筑学会
施行日期：2022年11月1日

中国建筑工业出版社

2022 北京

中国建筑学会标准

居住建筑防疫设计导则

Guidelines for epidemic prevention design of
residential buildings

T/ASC 27－2022

*

中国建筑工业出版社出版、发行（北京海淀三里河路9号）
各地新华书店、建筑书店经销
北京红光制版公司制版
北京建筑工业印刷厂印刷

*

开本：850毫米×1168毫米　1/32　印张：3¼　字数：86千字
2022年10月第一版　　2022年10月第一次印刷
定价：**39.00**元
统一书号：15112·40321

本社网址：http://www.cabp.com.cn
网上书店：http://www.china-building.com.cn

中国建筑学会文件

建会标〔2022〕24 号

关于发布中国建筑学会标准
《居住建筑防疫设计导则》的公告

现批准《居住建筑防疫设计导则》为中国建筑学会标准，编号为 T/ASC 27 - 2022，自 2022 年 11 月 1 日起实施。

中国建筑学会

2022 年 9 月 9 日

前　　言

本导则根据中国建筑学会《关于发布〈2020 年中国建筑学会标准编制计划（第三批）〉的通知》（建会标〔2020〕12 号）的要求，由深圳大学会同有关单位编制完成。

在本导则编制过程中，编制组调查研究和总结了新型冠状病毒肺炎和非典型病毒肺炎等呼吸道传染病的防控经验，参考了国内外有关标准，并在广泛征求意见基础上，对具体内容进行了反复讨论、协调和修改，最后经审查定稿。

本导则的主要技术内容是：1. 总则；2. 术语；3. 基本规定；4. 总平面；5. 建筑；6. 供暖、通风和空气调节；7. 给水排水；8. 电气与智能化；9. 健康服务设施；10. 运营与维护。

请注意本导则的某些内容可能涉及专利。本导则的发布机构不承担识别这些专利的责任。

本导则由中国建筑学会标准工作委员会负责管理，由深圳大学负责具体技术内容的解释。执行过程中如有修改意见或建议，请寄送深圳大学（地址：广东省深圳市南山区南海大道 3688 号；邮政编码：518060）。

本 导 则 主 编 单 位：深圳大学

本 导 则 参 编 单 位：深圳市今典建筑科技有限公司

　　　　　　　　　　力高集团

　　　　　　　　　　中国建筑设计研究院有限公司

　　　　　　　　　　广州华森建筑与工程设计顾问有限公司

　　　　　　　　　　深圳华森建筑与工程设计顾问有限公司

　　　　　　　　　　中国建筑科学研究院有限公司

　　　　　　　　　　　广州大学

　　　　　　　　　　　仲恺农业工程学院

　　　　　　　　　　　深圳大学建筑设计研究院有限公司

　　　　　　　　　　　筑博设计股份有限公司

　　　　　　　　　　　深圳市协鹏建筑与工程设计有限公司

　　　　　　　　　　　深圳市疾病预防控制中心

　　　　　　　　　　　万物云空间科技服务股份有限公司

　　　　　　　　　　　大金（中国）投资有限公司深圳研发
　　　　　　　　　　　分公司

本导则主要起草人员：袁　磊　卜增文　仲继寿　程新红

　　　　　　　　　　　蒋兴林　杨万恒　周孝清　刘　建

　　　　　　　　　　　刘文捷　潘云钢　丁力行　许雪松

　　　　　　　　　　　崔冬瑾　陈　思　田　梦　龚小强

　　　　　　　　　　　王奕人　林超楠　王晓东　王红朝

　　　　　　　　　　　吴永胜　丁普贤　余　鹏　佘　勇

　　　　　　　　　　　袁继鑫　薮知宏　霍小平　甘　泉

本导则主要审查人员：刘小虎　王清勤　杭　建　管运涛

　　　　　　　　　　　刘　东　闫增峰　马　磊　时　宇

　　　　　　　　　　　赵子龙　程　骐　曾　宇　郭　景

　　　　　　　　　　　李　军　李景广　刘　蕾　陈新宇

目　　次

Contents

1 总　　则

1.0.1 为降低呼吸道传染病在居住建筑中的传播概率，减少其对居民健康和社会经济的影响，实现建筑防疫和健康性能提升，制订本导则。

1.0.2 本导则适用于新建、改建和扩建的居住建筑防疫设计。

1.0.3 居住建筑防疫设计必须执行国家卫生防疫的方针、政策和法规。

1.0.4 居住建筑防疫设计，除应符合本导则的规定外，尚应符合国家现行有关标准的规定。

2 术　语

2.0.1 居住建筑　residential buildings

供人们居住使用的建筑。在本导则中包括住宅、幼儿园、托儿所、老年人全日照料设施、宿舍等。

2.0.2 疫情风险等级　epidemic risk level

由卫生行政主管部门根据疫情严重程度所确定的风险等级，一般分为高风险等级、中风险等级、低风险等级。

2.0.3 防疫设计等级　epidemic prevention grade of design

根据居住建筑使用人员的聚集密度和使用群体的免疫能力确定的与防疫设计、管理及配套服务设施相对应的等级，分为一级、二级共2个等级。

2.0.4 社区服务设施　5-min neighborhood facility

五分钟生活圈居住区内，对应居住人口规模配套建设的生活服务设施，主要包括托幼、社区服务及文体活动、卫生服务、养老助残、商业服务等设施。

2.0.5 非接触式使用　non-contact use

借助智能化技术，实现非接触使用的方式。对于居住建筑，主要包括门禁、电梯按钮等设施的使用。

2.0.6 气溶胶　aerosol

悬浮于气体介质中，粒径范围一般为 $0.001\mu m \sim 1000\mu m$ 的固体、液体微小粒子形成的胶溶状态分散系。

2.0.7 杀灭率　extinction rate

空气中细菌自然衰亡和经消毒处理杀菌的细菌数量占原始细菌数量总和的比值，用百分率表示。

2.0.8 房间空气龄　age of air in room

是指空气自进入房间至排出所经历的平均时间。

2.0.9 涡旋区 vortex area

气流受建筑或构筑物阻挡，绕过建筑或构筑物后，在其背风侧形成的涡旋区域。

3 基 本 规 定

3.0.1 居住建筑防疫设计应考虑平时和疫情管控期间使用功能的转换，满足平时的居住方便和疫情管控期间的防控要求。

3.0.2 居住建筑防疫设计，应根据使用功能、使用群体的免疫能力和聚集密度等因素划分防疫设计等级：

一级防疫设计等级：适用于托儿所、幼儿园、老年人全日照料设施或其他有特殊要求的建筑；

二级防疫设计等级：适用于其他类型的居住建筑。

3.0.3 居住建筑应根据不同防疫设计等级和建筑类型，采用相应的防疫设计和技术措施。

4 总 平 面

4.1 一 般 规 定

4.1.1 一级防疫设计等级的居住建筑，不宜毗邻大型公共娱乐场、批发市场、集贸市场等人员密集与流动性大的场所。

4.1.2 对于规模较大的居住区或园区，应合理划分居住街坊，每个居住街坊的用地面积不宜大于 4 万 m²。

4.1.3 居住建筑的总平面设计应进行自然通风专项分析，优化不同季节主导风向下的建筑布局。

4.1.4 居住区、园区等主要出入口，应设计缓冲空间。一级防疫设计等级的居住建筑，其主要人行出入口与城市道路红线之间应有 6m 以上的缓冲距离，并应设置电力、给水排水和通信设施接口。

4.1.5 夏热冬暖地区和温和地区，居住区内的高层住宅，首层宜架空设计。

4.2 总 平 面 布 置

4.2.1 在全年每个季节的主导风向条件下，居住建筑场地内人员经常活动区域不应出现涡旋区或无风区；建筑物周围人行区域距离地面 1.5m 高处风速宜为 2.5m/s～5.0m/s。

4.2.2 地下室排风口应远离人员活动区域。排风口距离人行道路边和活动区域边界的水平距离不宜小于 2m，排风口下缘距离地面高度不应小于 2.5m。

4.2.3 生活垃圾收集站、生活垃圾收集点的布置应符合以下规定：

    1 生活垃圾收集站应位于居住建筑全年主导风向的下风向，且与相邻建筑的距离不应小于 10m；市政条件允许时，生活垃圾收集站应布置在居住区、园区外围；

2 室外布置的生活垃圾收集点应结合景观设计，且与人行道路边或活动区域边界的水平距离不应小于 2m，与周围建筑物间隔不宜小于 5m；

3 生活垃圾收集点上方应设置遮蔽物；

4 应按照城市垃圾分类的要求设置垃圾桶，垃圾桶应能密闭，密闭垃圾桶启闭应采用非接触式措施，不可回收的生活垃圾桶宜有消毒除臭功能；

5 宜设置口罩等医疗垃圾的收集设施。

4.2.4 居住区、园区或居住街坊入口和公共空间宜预留非接触式外卖、快递、核酸检测、疫情管控服务等防疫设施使用场地，并应符合以下要求：

1 场地应能隔离快递人员进入住户活动区域，且应方便住户收取物品；

2 场地应自然通风良好，总面积不宜小于居住区、园区或居住街坊建筑面积的 0.1%，且不应小于 50m²；各类场地宜根据居住区或居住街坊规模的大小，结合多个出入口对其进行分开设置；

3 居住区的公共空间应结合应急场所进行设计，具备核酸检测的场地条件，并预留电源；

4 居住区、园区或居住街坊入口应预留人员信息核验、自动测温、进出管制所需的电源、通信等防疫管理条件。

4.2.5 化粪池应位于居住建筑全年主导风向的下风向且远离主要出入口和人员聚集场所，并应有明显标识和警示牌。

4.2.6 居住建筑场地内的物品运送流线应洁污分流。

4.3 交通和活动场地

4.3.1 居住区内的步行主路的路面宽度不应小于 3.0m，宅前路的路面宽度不应小于 2.5m。

4.3.2 居住区内应设室外活动场地，活动场地应有充足的日照和良好的自然通风，场地面积不应少于总用地面积的 0.2% 且不少于 50m²。

4.3.3 托儿所、幼儿园的室外活动场地应通风良好，且人均面积不宜低于 4m²。1/2 以上的室外游戏场地冬至日日照时数不应少于 2h，沙池等场地冬至日日照时间不宜少于 3h。

4.3.4 居住建筑活动场地 50m 范围内，应有净手设施，净手设施需配备具有清洁、消毒功能的手部卫生产品。

4.3.5 公共区域的儿童游乐设施和场地，应易清洁消毒，不应有卫生死角。儿童游乐设施的表面材料宜具有抑菌功能。

4.3.6 每个居住街坊的公共区域，宜设置一个公共卫生间。

4.4 景　观

4.4.1 景观植物应以本土落叶乔木为主，不宜种植果树。

4.4.2 一级防疫设计等级的居住区或园区场地竖向设计应避免积水，雨水花园、雨水花坛等积水、蓄水型海绵城市设施其表层积水应在 24h 内排干，且应采取防护措施。

4.4.3 居住区和居住街坊出入口应设置楼栋位置及编号示意图。楼牌、门牌等标识应统一位置，楼牌标识应置于建筑外墙易于识读的位置，门牌标识应靠近建筑主要出入口设置。

5 建 筑

5.1 一 般 规 定

5.1.1 建筑室内平面应有利于自然通风，双侧通风的居住单元进深不宜超过 12m，单侧通风的居住单元进深不宜超过 6m，当不满足时，应通过通风专项分析对室内风环境进行优化。当建筑不能实现自然通风时，应采用机械通风。

5.1.2 电梯井道设计和电梯轿厢选配，应符合下列规定：

1 电梯井道宜具备自然通风条件；

2 电梯轿厢应配置通风设备，通风机宜有高、低两档，且宜配备电梯净化器；

3 电梯轿厢配备空调时，应同时配备电梯净化器。

5.1.3 室内公共区域地面应采用易于清洁和消毒的材料及构造。楼层公共区域不宜设置固定的生活垃圾收集容器。幼儿园、老年人全日照料设施的公共区域，不应设置垃圾桶或果皮箱，如需设置时，应采用具备自动消毒除臭功能的垃圾桶。

5.1.4 夏热冬冷、严寒和寒冷地区的居住建筑宜预留新风系统设备及管道安装条件，新风系统设计应符合现行行业标准《住宅新风系统技术标准》JGJ/T 440 的有关规定。

5.1.5 居住建筑宜在屋顶或阳台设置晾晒空间。封闭的阳台应采用透光材料，其有效通风换气面积不应小于外窗面积的 40%。

5.1.6 居住建筑的室内空气质量应符合现行国家标准《公共场所卫生指标及限值要求》GB 37488 和《室内空气质量标准》GB/T 18883 的有关规定，一级防疫设计等级的居住建筑，其卧室和活动室的空气的菌落数不宜大于 800CFU/m^3。

5.1.7 居住建筑应预留存放消杀、清洁用品和器材的库房，库房面积不宜小于 10m^2。

5.1.8 居住建筑配套的公共卫生间厕便器应有隔断，隔断高度不应小于 2.5m 或紧贴吊顶；多个小便斗之间应设置隔板。

5.1.9 居住建筑中电梯按钮、门把手等人员高频接触的物体表面，宜采用抑菌材料。

5.1.10 居住建筑的外窗开启扇应设纱窗。开敞式阳台门、活动室外门等宜设纱门。

5.1.11 居住区和园区宜预留清扫机器人和消毒机器人充电和停放的位置。

5.2 住　宅

5.2.1 一套住宅有 3 个或以上居住空间时，应至少有 2 个居住空间位于夏季主导风向的上风向。夏热冬暖地区、温和地区和夏热冬冷地区，户内卫生间应位于全年主导风向的下风向。严寒和寒冷地区，卫生间应位于夏季主导风向的下风向。

5.2.2 住宅平面设计宜进行室内自然通风模拟计算，主要居住空间的空气龄不宜大于 300s。

5.2.3 住宅应设置阳台。一套住宅的起居室和至少 1 间卧室应具有良好的视野，在窗前 1.5m 的范围内和视点 1.5m 高度可以看到室外自然景观。

5.2.4 当厨房和卫生间的外窗开向天井或凹槽时，应设计机械排风系统，排风应排向独立的排风竖井，高空排放，不应直接排向天井或凹槽。

5.2.5 住宅功能空间应能满足疫情管控期间变换功能的条件，并应符合下列规定：

　　1 玄关处应预留收纳、消毒及防疫物品等临时存放的空间，在条件允许时，可设置净手装置；

　　2 三居室及以上的户型宜设有 2 个及以上的卫生间，其中 1 个卫生间和卧室能形成独立的套间；

　　3 直接开向起居室（厅）、餐厅或厨房的卫生间应设置前室；

4 住宅卫生间宜采用干湿分离设计。

5.3 老年人全日照料设施

5.3.1 老年人休息室和居室应具有自然通风和日照条件，宜进行室内自然通风模拟计算，室内平均空气龄不宜大于300s。

5.3.2 老年人全日照料设施宜设置污物间和临时存放医疗废物用房，并宜符合下列规定：

    1 宜位于全年主导风向的下风向，且宜邻近污物运输通道；

    2 宜设清洗污物的水池及消毒设施。

5.3.3 老年人全日照料设施应设置文娱和健身用房，房间应具备自然通风和天然采光条件。

5.4 托儿所、幼儿园

5.4.1 托儿所、幼儿园的活动用房应设置固定环境空气消毒设备。采用紫外线消毒灯等消毒方式时应设有保证人员身体不受伤害的控制措施。

5.4.2 托儿所、幼儿园的厨房与生活用房应分区布置。厨房、卫生间、试验室、医务室等用水房间不应设置在生活用房的上方。

5.4.3 托儿所、幼儿园的保健观察室、隔离室设置应符合下列规定：

    1 应设置直接对外的独立出入口；

    2 应设置专用卫生间，并应设机械排风措施。

5.4.4 幼儿园封闭的衣帽间应设置机械通风设施，并应预留空气消毒设施安装的电源。

5.4.5 托儿所、幼儿园应设置洗涤消毒间及洗涤消毒设施设备，且应与幼儿生活用房保持安全距离，并应采取措施避免幼儿进入或接触。

5.4.6 托儿所、幼儿园应配置供儿童日常使用的玩具、图书、衣被等物品进行消毒的专用设施、设备，定期对儿童日常使用的玩具、图书、衣被等物品进行消毒。

5.5 宿 舍

5.5.1 宿舍应满足自然采光、通风要求。宜进行室内自然通风模拟计算，室内平均空气龄不宜大于300s。每间居室的居住人数不宜超过8人。

5.5.2 居室内设置卫生间、浴室时，卫生间、浴室应采取独立的通风换气措施。

5.5.3 公共走廊宜能天然采光和自然通风，宜采用外廊或单内廊布置。公用厨房应有机械排油烟设施。

5.5.4 生活垃圾收集间应设置在入口处或架空层，不得设置在走廊或盥洗室等室内公共区域。

5.5.5 宿舍宜设阳台。

6 供暖、通风和空气调节

6.1 一 般 规 定

6.1.1 供暖、通风和空气调节设计应遵循正常使用工况和防疫管理工况相互兼顾的"平疫结合"设计原则。

6.1.2 新风和补风均应直接从室外清洁之处采取，取风口不应设在机房或其他房间内。

6.1.3 新风进风口宜设置在建筑全年主导风向的上风向。

6.2 机 械 通 风

6.2.1 卫生间、淋浴间的机械排风系统采用竖向共用排风竖井时，应在屋顶高空排放。当排风系统无法设置竖向共用排风竖井进行高空排放时，应直接外排，且卫生间、淋浴间排风系统应设止回阀。

6.2.2 公共卫生间应设置机械排风系统，并应采取防倒灌措施；每个厕便器的上方均应设置排风口；卫生间排风量按换气次数计算后，应满足每个厕便器不小于 $120m^3/h$。

6.2.3 住宅厨房排油烟系统应采取有效措施防止不同楼层厨房串烟。排烟道出口设置在上人屋面或住户平台上时，排烟口底边应高出屋面或平台地面 2m；当周围 4m 之内有门窗时，应高出门窗上缘 0.6m。

6.2.4 幼儿园、托儿所和老年人全日照料设施配套的公共餐厅，其空调及机械送风系统应符合现行国家标准《空气过滤器》GB/T 14295 的规定，并应设置不低于 C3 级的初效过滤器和 Z2 级的中效过滤器两级过滤；公共厨房全面补风系统宜设置不低于 C3 级的初效过滤器和 Z2 级的中效过滤器两级过滤；厨房的局部补风系统应设置不低于 C3 级的初效过滤器。

6.2.5 居住建筑的公共区域，当采用全空气空调系统时，应能实现全新风运行。

6.2.6 生活垃圾收集站、室内生活垃圾收集间的机械排风系统应单独设置，且宜高空排放；当从侧墙排风时，排风口应距地面3m以上且应排向无人区域。

6.2.7 居住建筑通用配套存在污染或废气的功能用房应设置机械排风系统，通风换气次数应符合表6.2.7的规定。

表6.2.7 居住建筑通用配套功能用房通风换气次数

房间名称	换气次数（次/h）	房间名称	换气次数（次/h）
污水处理站	8～12	公共卫生间	20
污水间、隔油间	20	生活垃圾收集站（点）	15
消杀、清洁用品库房	2	洗涤消毒间	6

6.2.8 居住建筑内存在异味或可能带有细菌、病毒的专用配套功能的房间应保持相对邻室为负压，并设置机械排风系统。通风换气次数和系统设置应符合表6.2.8的规定。

表6.2.8 居住建筑专用配套功能房间通风换气次数和系统设置要求

居住建筑类型	功能房间	换气次数（次/h）	备注
幼儿园	衣帽间	≥2	预留消毒设施
	晨检室	≥2	—
	保健观察室	≥2	—
	医务室	≥3	—
	隔离间	≥3	高空排放；送、排风系统应联动运行
社区卫生服务中心、老年人全日照料设施	临时存放医疗废物用房	≥6	高空排放
	康复治疗室	≥2	高空排放
	检验药剂室	≥2	高空排放
	医务室	≥3	高空排放
	隔离间	≥3	高空排放；送、排风系统应联动运行
	处置室	≥3	每个功能房间应单独设置机械排风系统，高空排放；排风系统应设置消毒措施
	临终关怀室	≥3	
	太平间	≥10	
	污物间	≥3	

居住建筑类型	功能房间	换气次数（次/h）	备注
宿舍	公用盥洗室	≥10	—
	公用厕所	≥20	—
	公共浴室	≥15	—
	公用厨房	40~50	—
	清洁间	≥3	—
	垃圾收集间	≥15	—

6.2.9 采用机械送风系统的直饮水机房，其送风系统应设置不低于 C1 级的初效过滤器和 Z2 级的中效过滤器两级过滤。直饮水机房的通风换气次数不应小于 8 次/h，进风口应远离污染源。

6.2.10 居住建筑的楼梯间、楼梯间前室、电梯厅宜能自然通风。

6.2.11 严寒和寒冷地区、夏热冬冷地区门厅入口不宜设置贯流式空气幕。

6.2.12 居住建筑设置集中新风系统时，其室外新风应经过滤处理后，方可送入居室、活动室等人员居住和活动空间。

6.2.13 设置集中新风系统的居住建筑，送风和排风的风量应相对平衡，并应符合下列规定：

1 厨房、卫生间局部排风时，外墙应能自然补风；如不能自然补风，应设机械补风；

2 带独立卫生间的宿舍的新风系统，可通过卫生间的排风定向排出；每间宿舍的卫生间排风量不应小于新风送风量的70%；严寒和寒冷地区宜对机械补风采取加热措施；

3 不带独立卫生间的宿舍设置集中新风系统时，应在走廊预留设置集中排风系统。

14

6.3 供暖与空气调节

6.3.1 夏热冬冷地区的一级防疫设计等级的居住建筑应设置冬季供暖系统。

6.3.2 设置供暖系统的一级防疫设计等级的居住建筑应设新风系统。二级防疫设计等级的居住建筑宜设新风系统。

6.3.3 夏热冬冷地区、严寒和寒冷地区的一级防疫设计等级的居住建筑宜设置湿度调节系统或装置，其主要功能房间空气相对湿度宜在30％～65％的范围内。

6.3.4 新风吸入口应与各种排风口、污染源保持一定的距离。当冷却水补水采用非传统水源时，冷却塔周边25m范围内不得有居住建筑可开启的窗户或新风口。新风吸入口的间距应符合表6.3.4的规定。

表 6.3.4 新风吸入口的间距要求

排风口类型及场地	间距（m）	排风口类型及场地	间距（m）
污染物较轻的设备用房排风口	≥10	冷却塔排风侧	≥15（当冷却塔采用非传统水源时，间距要求增加5m），新风口不应处于冷却塔夏季主导风向的下风侧
车库排风口、污水泵房排风口、污水处理间排风口	≥15	冷却塔吸风侧或底盘	≥10（当冷却塔采用非传统水源时，间距要求增加5m）
厨房排油烟口	≥20	行车道、街道、停车位	≥1.5
生活垃圾站	≥15	车库入口	≥5
生活垃圾存放点	≥10	交通流量高的主干道	≥7.5
污水处理站	≥15	无绿化地面	≥2

排风口类型 及场地	间距 （m）	排风口类型 及场地	间距（m）
住宅卫生间	≥2	公共卫生间	≥10
场地排水明沟	≥10	绿化地面、屋面	≥1
屋顶透气帽	≥5	燃烧装置排气口	≥5

6.3.5 居住建筑的新风系统宜分散、独立设置，并应符合下列规定：

1 住宅宜按户设置独立的新风系统；

2 幼儿园、托儿所的每个幼儿活动室（兼寝室）宜单独设置新风系统，不应和配套的其他功能用房合用新风系统；

3 宿舍的集中新风系统，宜分层设置新风系统；

4 老年人全日照料设施的集中新风系统，宜分层、分区设置。

6.3.6 设置集中新风系统的一级防疫设计等级的居住建筑，新风系统应满足在疫情管控期间加大新风量运行、正常使用期间节能运行的需求，并宜具备相应的排风或者风量平衡措施。疫情管控期间新风量宜按正常使用期间新风量标准增加 100%，并满足人体热舒适的要求。仅供疫情管控期间使用的新风系统和设备，应具备安装、检查和维护的空间。

6.3.7 夏热冬暖地区和温和地区的居住建筑如果采用新风系统，宜采用单向流新风系统。

6.3.8 采用热回收新风系统，热量回收装置应采用间接换热型，不宜采用"纸芯"为核心的"传质"型热回收设备，不应采用转轮式热回收设备。

6.3.9 集中空调系统末端的积水盘、新回风过滤网，应有防霉功能或采取防霉措施。

6.3.10 空调系统的冷凝水管道应采取防凝露措施。冷凝水排入污水系统时，应有空气隔断措施。空调冷凝水宜集中收集排放。

6.4 空气洁净

6.4.1 居住建筑新风系统应根据防疫设计等级设置不同等级的颗粒物型空气过滤器，新风系统宜具备 PM2.5 浓度检测、超标报警和过滤器更换报警等功能。颗粒物型空气过滤器组合设置见表 6.4.1-1、表 6.4.1-2。

1 托儿所、幼儿园的生活与活动区域、老年人居住用房的新风系统应设置初效和中效两级颗粒物型空气过滤器，当室外 PM10 超过年平均二级浓度限值时，应再增加一级高中效颗粒物型空气过滤器。并应符合表 6.4.1-1 的规定。

表 6.4.1-1　新风过滤器组合设置

年平均 PM10（μg/m³）	一级防疫设计等级建筑的不同区域			其他区域
	老年人居住用房、幼儿园活动室、寝室、音体活动室；托儿所乳儿室、喂奶室；医务保健室、隔离室			
	第一级过滤	第二级过滤	第三级过滤	
PM10≤40	初效 C3	—	—	初效 C3
40＜PM10≤70	初效 C3	中效 Z2	—	
PM10＞70	初效 C3	中效 Z2	高中效	

2 二级防疫设计等级的居住建筑，新风过滤的组合设置应符合表 6.4.1-2 的规定。

表 6.4.1-2　新风过滤器组合设置

年平均 PM10（μg/m³）	二级防疫设计等级	
	第一级过滤	第二级过滤
PM10≤40	初效 C3	—
40＜PM10≤70	初效 C3	—
PM10＞70	初效 C3	中效 Z2

6.4.2 新风系统的过滤器应具有抗菌、防霉功能，抗菌、防霉功能应满足《家用和类似用途电器的抗菌、除菌、净化功能 抗菌材料的特殊要求》GB 21551.2，抗菌材料的抗菌率≥90％；防霉等级为1级或0级。

6.4.3 居住建筑居室宜设置固定或移动式空气净化装置，电梯轿厢应设置空气净化装置。

6.4.4 设置空气净化装置的房间，室内空气中的自然菌杀灭率应≥90.0％。

6.4.5 在严寒和寒冷地区、夏热冬冷地区，一级防疫设计等级的居住建筑户内卫生间、一般居住建筑的无外窗户内卫生间和公共卫生间应设置空气消毒装置；二级防疫设计等级的居住建筑户内卫生间宜设置消毒装置。

6.4.6 生活垃圾收集站、地下室或密闭生活垃圾收集点，应设置具有除臭功能的空气消毒装置。露天存放的生活垃圾收集点可设置除臭消毒装置。消毒处理后的空气质量应符合现行国家标准《恶臭污染物排放标准》GB 14554 中二类区适用的二级浓度限值要求。

6.4.7 幼儿园、托儿所及老年人全日照料设施的治疗室、隔离室，社区卫生服务中心的治疗室、隔离室、化验室等房间的机械排风系统中宜设置空气消毒装置。

6.4.8 生活泵房和水箱间应设置机械通风，且应预留空气消毒装置的电源接口。

7 给 水 排 水

7.1 一 般 规 定

7.1.1 一级防疫设计等级的居住建筑不得采用非传统水源入户；二级防疫设计等级的住宅不宜采用非传统水源进入户内。当采用非传统水源进入户内时，应保证非传统水源水质持续达标，并应设置误接、误饮、误用的永久标识，且疫情期间应能采用自来水替代非传统水源供水。

7.1.2 建筑给水系统应在系统最高点设置自动排气阀。

7.1.3 生活垃圾收集站或生活垃圾收集点应设置冲洗设施、排水系统。

7.2 给 水

7.2.1 当非传统水源用于景观浇洒时，应根据不同防疫设计等级和距离行人的距离，选择采用下列灌溉方式：

　　1 一级防疫设计等级的居住建筑，景观浇洒应采用滴灌、渗灌等灌溉方式，不应采用喷灌、微喷灌等灌溉方式。

　　2 二级防疫设计等级的景观浇洒宜采用滴灌、渗灌等灌溉方式。当采用喷灌或微喷灌时，喷头应距离人员活动区 20m 以上。

7.2.2 景观水体应进行循环处理。景观水体采用非传统水源补水时，应对补水进行预处理，达标后方可进入景观水体中，并应设置在线水质监测系统。

7.2.3 开式系统的冷却塔应设置持续的净化消毒、加药装置。

7.2.4 生活饮用水水箱间、给水泵房应设置入侵报警系统等技防、物防安全防范和监控措施，并应预留水质在线检测装置的接口及电源。

7.2.5 一级防疫设计等级的居住建筑，饮用水供水系统宜安装净水设备，二级防疫设计等级的居住建筑，宜在厨房等处预留净水设备安装位置、给水接口和电源。

7.3 排 水

7.3.1 居住建筑的排水系统应采用防疫措施，并应符合下列规定：

1 应采用带过滤网的无水封直通型地漏。当采用无水封直通地漏时，排水口以下应设存水弯，存水弯水封高度不应小于50mm，且不应大于75mm；较干旱地区及季节性应用的地漏宜采用可开启式密封地漏。

2 厨房和卫生间应分别设置排水系统和通气系统，通气管高出上人屋面地坪的高度不应小于2.5m，并宜在上人屋面的通气管出口安装过滤和消毒装置。

3 住宅厨房不应设置地漏；卫生间洗脸盆附近的地漏排水应与洗脸盆排水合并后设存水弯，不得重复设存水弯。

4 公共场所的洗手盆、洗涤池、盥洗室等不宜采用盆塞。

5 阳台有洗涤设备排水时，宜设专用地漏，排入污水管道；无排水需求的封闭阳台可不设地漏。

7.3.2 生活水箱的溢流水、泄水应采用间接排水至排水明沟，且间接排水管口应高于排水明沟上沟沿200mm。溢流管出口及通气管出口应设18目防虫网。

7.3.3 厨房排水管与卫生间排水管不应在架空层合并。

7.3.4 暗装污废水排水管道必须有明显标识，且便于维修。

7.3.5 化粪池应布置在远离人群处，不应布置在人行出入口或人员活动场地内。室外污水排水检查井不宜布置在人行出入口或人员活动场地内。

8 电气与智能化

8.1 一般规定

8.1.1 居住建筑设计宜利用智能化和信息化手段提高防疫管理水平。

8.1.2 一级防疫设计等级的居住建筑以及用地面积超过 4 万 m² 的居住区，医疗健康服务配套宜具备健康互联网服务能力，可提供远程医疗和健康档案等服务。

8.2 供配电设计

8.2.1 建筑总平面的缓冲空间应预留疫情期间的用电点位和用电容量。

8.2.2 居住区消毒、保洁机器人停放处，应预留机器人充电电源。

8.2.3 住宅功能空间，应在入口玄关处预留消毒设备电源插座；厨房应预留消毒柜、净水器、厨余垃圾处理设备的电源插座。

8.2.4 采用紫外线杀菌灯进行消毒的场所，紫外线杀菌灯的控制装置应单独设置，并应采取保证室内人员身体不受伤害的智能化控制装置。房间有人时紫外线杀菌灯应处于关闭状态。

8.3 非接触设施

8.3.1 居住区主要出入口宜配备人员信息核验系统和红外体温检测装置，并宜满足下列功能要求：

    1 宜具备佩戴口罩情况下和无光夜晚的人脸识别；

    2 应具备在炎热、雨、雪等恶劣天气下精准测温；

    3 识别与测温速度应满足行人和车行出入的习惯。

8.3.2 居住区人行入口、机动车入口、地下车库的楼栋单元门入口、地上楼栋单元入口等宜采用非接触式门禁系统。楼宇对讲系统宜具备手机扫码开锁、识读感应卡开锁和人脸识别开锁等非接触式入口门开锁方式。

8.3.3 电梯宜采用非接触式选层方式，公共卫生间宜采用非接触开门。

8.3.4 幼儿园、托儿所的儿童晨检，应采用非接触的测温设备。

8.3.5 公共卫生间洗手盆应安装感应式水龙头、烘手器及消毒设施；便器冲洗阀宜采用感应式。

8.4 环境与设备监控

8.4.1 生活垃圾收集站、生活垃圾收集点宜采用人工智能监测措施，具有识别垃圾满溢以及垃圾分类的智能报错功能。

8.4.2 一级防疫设计等级的居住建筑应设置室外空气质量等环境监测系统。用地面积在 4 万 m^2 以上的二级防疫设计等级居住建筑，宜设置室外环境监测系统。室外环境监测系统应符合下列规定：

    1 监测参数宜包括：PM2.5、CO_2 浓度、风速、气温、相对湿度等；

    2 监测系统宜通过自控系统与对应的空调、通风、消毒设备联动；

    3 参数宜通过大屏幕、管理平台发布；

    4 监测系统应与健康服务系统联动，且应存储至少一年的监测数据。

8.4.3 一级防疫设计等级的居住建筑应设置室内环境监测系统。二级防疫设计等级居住建筑宜设置室内环境监测系统。并应符合下列规定：

    1 监测参数宜包括：PM2.5、CO_2 浓度、温度、相对湿度、甲醛、总挥发性有机物（TVOC）、微生物浓度等环境数据；

    2 应对地下车库 CO 浓度进行监测；车库排风系统宜与 CO 探测器联动实现按需通风；

3 特殊功能房间如消毒间、垃圾房、直饮水机房等，应对微生物浓度、氨气、硫化氢等参数进行监测；

4 宜建立在线实时管理平台，并应具有设备管理、监测数据管理、用户管理、展示发布管理、生成数据报表等功能；

5 宜提供与信息导引及发布系统的数据接口，并可通过信息显示屏显示环境监测信息；

6 具有存储至少一年的监测数据和实时显示等功能。

8.4.4 一级防疫设计等级的居住建筑、用地面积在 4 万 m^2 以上的居住区，应设置生活饮用水二次供水水质和直饮水水质在线监测系统，且监测系统应具有参数越限报警、事故报警及报警记录功能，其存储介质和数据库可连续记录一年以上的运行数据。并在非疫情管控期间具有监测浊度、余氯、pH 值、总溶解固体（英文：Total dissolved solids，缩写 TDS）参数的功能，在疫情管控期间具有监测军团菌、引起疫情的病菌等参数的功能。

8.4.5 非传统水源供水、二次供水、集中空调系统冷却水、景观水体、游泳池应设置水质在线监测系统。且该监测系统应具有参数越限报警、事故报警及报警记录功能，其存储介质和数据库可连续记录一年以上的运行数据。并在非疫情管控期间具有监测浊度、余氯、pH 值、TDS 参数的功能，在疫情管控期间具有监测浊度、余氯、pH 值、TDS、军团菌、引起疫情的病菌等参数的功能。

9 健康服务设施

9.1 一般规定

9.1.1 居住区十五分钟生活圈内宜配套医疗和健康服务设施，医疗服务机构应取得国家卫生行政主管部门颁发的《医疗机构执业许可证》等相应的资质。

9.1.2 居住区、园区十五分钟生活圈内应具备医疗应急处置的空间条件和供电、供水、通信等设施设备。

9.2 医疗与健康服务

9.2.1 社区卫生服务中心应能提供疫苗接种服务和远程诊断服务。

9.2.2 老年人全日照料设施宜配套为老年人提供安全值守、定期寻访和疾病预防等服务。

9.2.3 居住区应配置基本的医学救援设施，设置紧急求助呼救系统。

9.2.4 居住区、园区应配套物业服务的互联网平台，并可与社区医疗服务、医疗救护等系统和健康服务互联互通。

9.3 生活配套

9.3.1 居住区、园区的十分钟生活圈内，应配套生鲜超市、餐饮等必要的生活服务设施。

9.3.2 居住区、园区应配套适合不同人群的室内外健身设施，并宜配置自助式体质检测、智慧运动处方设备或仪器。

9.3.3 老年人全日照料设施应配套公共食堂，并为老年人提供特殊膳食、送餐等服务。

10 运营与维护

10.0.1 物业服务公司应制订防疫管理应急预案，以及业主参与的保障措施。

10.0.2 物业服务消毒操作流程应符合现行行业标准《医疗机构消毒技术规范》WS/T 367 的规定和当地公共卫生主管部门的要求。

10.0.3 会所、棋牌室和活动室等人员密度较大的公共场所，应保持自然通风条件。物业公司进行二次装修时，公共场所地面应选择易于清洁消毒的装修材料，不应使用地毯等易集尘材料。

10.0.4 公共场所的分体式空调或其他电器，物业公司采购时，应选择具有抗菌、除菌功能的产品。

10.0.5 物业应定期清洗或更换新风、空调系统的空气过滤器。

10.0.6 运送垃圾、废物、换洗被服等污物的容器应密闭，运输车辆不应穿越人员活动密集的区域。

10.0.7 岗亭、保安和保洁等感染风险较高的工作环境应易于清洁消毒，并应制定疫情管控期间相关易接触感染人员定期核酸检测的制度。

10.0.8 物业服务宜采用专用机器人辅助消毒、保洁和清洗水箱等工作。

10.0.9 疫情期间核酸检测场所应露天布置且自然通风良好。核酸检测亭等临时建筑应结构安全并符合相关标准。

10.0.10 疫情期间，公共区域的通风空调系统运行管理应符合现行行业标准《新冠肺炎疫情期间办公场所和公共场所 空调通风系统运行管理卫生规范》WS 696。

10.0.11 疫情期间，不应清掏化粪池、排水沟，不应清洗生活水箱。如必须作业时，须穿戴全身式防护服、佩戴隔绝式呼吸防护用品、乳胶手套、护目镜等；巡查人员应佩戴防护口罩，涉及开井盖的还应佩戴护目镜和乳胶手套等。

10.0.12 疫情期间，暂停可能与人群密切接触的非传统水源利用方式。

10.0.13 居住区出现传染性疾病感染者，应按照国家和地方政府的规定进行处置。

本导则用词说明

    1   为便于在执行本导则条文时区别对待，对要求严格程度不同的用词说明如下：

      1) 表示很严格，非这样做不可的：

        正面词采用"必须"，反面词采用"严禁"；

      2) 表示严格，在正常情况下均应这样做的：

        正面词采用"应"，反面词采用"不应"或"不得"；

      3) 表示允许稍有选择，在条件许可时首先应这样做的：

        正面词采用"宜"，反面词采用"不宜"；

      4) 表示有选择，在一定条件下可以这样做的，采用"可"。

    2   本导则中指明应按其他有关标准执行的写法为"应符合……的规定"或"应按……执行"。

引用标准名录

1 《空气过滤器》GB/T 14295

2 《恶臭污染物排放标准》GB 14554

3 《空气净化器》GB/T 18801

4 《室内空气质量标准》GB/T 18883

5 《家用和类似用途电器的抗菌、除菌、净化功能通则》GB 21551.1

6 《家用和类似用途电器的抗菌、除菌、净化功能 抗菌材料的特殊要求》GB 21551.2

7 《家用和类似用途电器的抗菌、除菌、净化功能 空气净化器的特殊要求》GB 21551.3

8 《环境空气质量标准》GB 3095

9 《地表水环境质量标准》GB 3838

10 《公共场所卫生指标及限值要求》GB 37488

11 《颗粒 生物气溶胶采样和分析 通则》GB/T 38517

12 《建筑给水排水设计标准》GB 50015

13 《建筑地面设计规范》GB 50037

14 《住宅设计规范》GB 50096

15 《民用建筑热工设计规范》GB 50176

16 《城市居住区规划设计标准》GB 50180

17 《民用建筑工程室内环境污染控制标准》GB 50325

18 《城镇污水再生利用工程设计规范》GB 50335

19 《民用建筑设计统一标准》GB 50352

20 《民用建筑节水设计标准》GB 50555

21 《托儿所、幼儿园建筑设计规范》JGJ 39

22 《建筑地面工程防滑技术规程》JGJ/T 331

23 《住宅新风系统技术标准》JGJ/T 440

24 《民用建筑绿色性能计算标准》JGJ/T 449

25 《老年人照料设施建筑设计标准》JGJ 450

26 《新冠肺炎疫情期间办公场所和公共场所 空调通风系统运行管理卫生规范》WS 696

27 《医疗机构消毒技术规范》WS/T 367

28 《空气消毒机通用卫生要求》WS/T 648

29 《办公建筑应对"新型冠状病毒"运行管理应急措施指南》T/ASC 08

中国建筑学会标准

居住建筑防疫设计导则

T/ASC 27－2022

条 文 说 明

编 制 说 明

本导则制订过程中，编制组进行了广泛的调查研究，总结了我国建筑疫情防控实践经验，同时参考了国内外最新的研究成果，广泛征求建筑、医学、卫生防疫领域的专家学者意见，并在多个居住建筑项目中进行防疫设计实践，为标准制订提供了极有价值的参考资料。

为便于广大设计、科研、制造、服务、医疗和疾控等有关人员在使用本导则时正确理解和执行条文规定，导则编制组按章、节、条顺序编制了本导则的条文说明，对条文规定的目的、依据以及执行中需要注意的有关事项进行了说明。条文说明不具备与导则正文同等的效力，仅供使用者作为理解和把握导则规定的参考。

目　　次

1 总 则

1.0.1 新型冠状病毒感染肺炎为新发急性呼吸道传染病，目前已成为全球性重大的公共卫生事件，且有可能较长时期存在。根据《中华人民共和国传染病防治法》第三条的规定，新型冠状病毒感染肺炎传染病归为乙类传染病。在国家卫健委发布的《新型冠状病毒感染的肺炎诊疗方案（试行第九版）》中，明确了新型冠状病毒传播的途径：

（1）经呼吸道飞沫和密切接触传播是主要的传播途径；

（2）在相对封闭的环境中经气溶胶传播；

（3）接触被病毒污染的物品后也可造成感染。

通过研究 2003 年香港淘大花园的 SARS 病毒传播事件、2020 年广州、天津等住宅中新型冠状病毒集体感染案例以及 2022 年 3 月上海隔离酒店集体感染案例，科学界达成共识，认为建筑的总体布局、单体建筑的设计、户型设计、给水排水、空调等机电专业设计和管理维护，均会影响呼吸道传染病的传播。

因此，针对新冠肺炎疫情防控中暴露出的居住建筑的空间环境、功能配套、健康服务等方面的问题，为系统防范新冠肺炎以及类似呼吸道传染病的传播，有必要单独制定建筑的防疫设计导则，引导和规范建筑设计各专业以及业主居住后的物业服务，从而减少人员在建筑空间中的感染风险。

国内外也有相关的标准涉及空气中病毒和细菌浓度限值的内容，如国家现行标准《室内空气质量标准》GB/T 18883、《公共场所卫生指标及限值要求》GB 37488、《公共场所集中空调通风系统卫生规范》WS 394，但是这些要求没有转化为设计导则中的技术措施，难以指导建筑设计，继而无法保证建成后的建筑满足这些标准。

因此，结合现行国家标准《室内空气质量标准》GB/T 18883、《公共场所卫生指标及限值要求》GB 37488 的要求和疫情管控期间的相关研究成果，本导则将与疫情传播的相关因素在建筑设计的相关专业中进行约束。各标准的要求如表1所示。

表1 室内空气中细菌总数卫生标准

标准	限值（CFU/m³）
《室内空气质量标准》GB/T 18883－2002	2500
《室内空气质量标准》GB/T 18883－2022	1500
《公共场所卫生指标及限值要求》GB 37488	睡眠休憩1500；其他4000
《公共场所集中空调通风系统卫生规范》WS 394	送风500
韩国《公用设施室内空气质量控制法》医疗、培育、养老机构	800
韩国《公用设施室内空气质量控制法》医疗、培育、养老机构	卓越500；良好1000
新加坡《办公室内良好空气质量指引》	500

室内的真菌和微生物种类繁多，与健康的关系密切，医学界和流行病学界有大量的调查和研究。表2与表3是中国疾病预防控制中心环境与健康相关产品安全所孙宗科研究员的一部分调查数据。

表2 室内细菌浓度调查结果（CFU/m³）

研究场景	时间/场所	结果范围	均值	P95
2008～2009年对建筑室内微生物调查	南方城市：韶关	120～6961	1187	5095
	北方城市：廊坊	78～2170	945	1916
2017～2018年对某实验室内逐日年度调查	2017年	0～696	69	233
	2018年	0～1823	72	249
2018～2019年对建筑室内微生物调查	哈尔滨住宅	21～2646	492	2000
	哈尔滨办公楼	0～1647	331	1208
	北京住宅	71～2883	700	2741
	北京办公楼	21～728	195	527

表 3 室内细菌的健康效应

研究场景	结果	参考文献
动物实验	大气细菌污染可引起肺部炎症并对机体肺组织造成损伤	宋凌浩，宋伟民，蒋蓉芳，et al. 中国公共卫生学报，1999（3）：27-30.
现况调查	室内高微生物浓度与过敏反应有关	Sidra，S，Ali，Z，Sultan，S，et al. Aerosol and Air Quality Research，2015，15（6）：2385-2396.
定群研究	严重哮喘病与居室内菌落总数浓度高度相关	Ross MA，Curtis L，Scheff PA，et al. Allergy，2015，55（8）：705-711.
现况调查	室内空气中菌落总数是 SBS 的危险因素	Flores CM，Mota LC，Green CF，et al. Journal of Environmental Health，2009，72（4）：8-13.

微生物气溶胶可沉着于人体呼吸系统，沉着部位与微生物气溶胶的粒径有关，其中小于 $5.0\mu m$ 的微生物气溶胶粒子能进入人体细支气管和肺泡。表 4 为一些常见场景下的气溶胶粒径分析。

表 4 微生物气溶胶粒径分析

研究场景	结果	数据来源
北方某市重污染期间	小于 $5.0\mu m$ 的粒子占比为 95.72%	CDC 环境所研究团队，2019.
对南北方城市的调查	小于 $5.0\mu m$ 的粒子占比为 63%～83%	CDC 环境所研究团队，2011.
对北京市居家空气微生物年度分析	$1.0\mu m$～$2.0\mu m$ 的粒子占比为 29.8%～39.62%	方治国，孙平，欧阳志云，等．北京市居家空气微生物粒径及分布特征研究［J］．环境科学，2013.

和建筑抗震规范不是为了消灭地震一样，本导则也不是为了消灭病毒和细菌，而是为了在疫情出现时，通过建筑的防疫设计能减缓病毒和细菌通过呼吸道飞沫、气溶胶和接触等方式在建筑

中的传播，降低疫情造成的经济损失和社会影响，营造健康的居住环境。

建筑防疫设计为减少建筑中人员的感染风险，就近得到相关医疗健康服务也是必不可少的，快速进行确诊、隔离、治疗，减少传染他人的概率也是最重要的手段，所以配套的健康设施和服务的内容也应在建筑设计中有所考虑。

1.0.2 本导则主要用于居住建筑。幼儿园、托儿所，老年人全日照料设施、养老院、员工宿舍、学生宿舍等建筑，虽然建筑定义上是公共建筑，但是功能上是居住属性。因此，一并纳入本导则。

1.0.3 从政府职能分工上，防疫是卫健系统的工作，由国家和地方疾病预防控制中心具体管理和指导，因此，建筑防疫设计应执行国家卫生防疫的方针、政策和法规。

1.0.4 本导则重点针对居住建筑设计涉及的专业，如总平面、建筑、供暖、通风和空气调节、给水排水、电气与智能化、健康服务设施、运营与维护的相关防疫措施做出了规定，但并未涵盖通常建筑设计所应有的全部功能和性能要求，如结构安全、建筑防火和建筑节能等。因此，在设计中除执行本导则外，还应符合国家现行有关标准的规定。

2 术　　语

2.0.1 本导则所定义的居住建筑不单指住宅，还包括幼儿园、托儿所、老年人全日照料设施、宿舍等。虽然宿舍和养老院等建筑的土地使用属性属于公共管理与公共服务设施，但是使用性质仍以居住为主；在现行行业标准《夏热冬暖地区居住建筑节能设计标准》JGJ 75 中，也将托儿所、幼儿园纳入居住建筑中。因此，在本导则中将住宅、幼儿园、托儿所、老年人全日照料设施、宿舍等具有长期居住属性的建筑视为居住建筑。

2.0.2 本条文参考住房和城乡建设部 2020 年 5 月 19 日印发的《公共及居住建筑室内空气环境防疫设计与安全保证指南》（试行），并依据国家卫生健康委发布的《新型冠状病毒肺炎防控方案》（第九版）进行编制。根据《中华人民共和国传染病防治法》《突发公共卫生事件应急条例》等法律法规，实施分区分级精准防控。以县（区）为单位，依据人口、发病情况综合研判，科学划分疫情风险等级，明确分级分类的防控策略。与 2021 年 5 月 11 日发布的第八版不同，2022 年 6 月 27 日，国务院应对新型冠状病毒肺炎疫情联防联控机制综合组发布的《新型冠状病毒肺炎防控方案（第九版）》对此是这样确定的：

发生本土疫情后，根据病例和无症状感染者的活动轨迹和疫情传播风险大小划定高、中、低风险区域。

高风险区：将病例和无症状感染者居住地，以及活动频繁且疫情传播风险较高的工作地和活动地等区域，划为高风险区。

高风险区原则上以居住小区（村）为单位划定，可根据流调研判结果调整风险区域范围，采取"足不出户、上门服务"等封控措施。高风险区连续 7 天无新增感染者降为中风险区，中风险区连续 3 天无新增感染者降为低风险区。

中风险区：将病例和无症状感染者停留和活动一定时间，且可能具有疫情传播风险的工作地和活动地等区域，划为中风险区，风险区域范围根据流调研判结果划定。（在 2022 年 11 月 11 日国务院发布的《关于进一步优化新冠肺炎疫情防控措施 科学精准做好防控》（联防联控机制综发〔2022〕101 号）中，将"高、中、低"三类风险区调整为"高、低"两类以最大限度减少管控人员。）

低风险区：中、高风险区所在县（市、区、旗）的其他地区为低风险区，采取"个人防护、避免聚集"等防范措施，低风险区人员离开所在城市应持 48h 核酸检测阴性证明。所有中高风险区解除后，县（市、区、旗）全域实施常态化防控措施。

2.0.3 本条文是根据居住建筑使用人员的聚集密度、使用群体的免疫能力，以及疫情发生会引起后果的严重程度，进行防疫设计等级分级。例如幼儿园、托儿所，幼儿的学习生活都在一个房间中，而且幼儿还没有完成国家规定的所有疫苗接种，自身没有建立完善的免疫能力，一旦其中一个幼儿感染了新冠肺炎病毒或其他流行性疾病，可能会迅速传染到同班级的其他幼儿。

老年人因为身体机能下降，一旦感染上新冠或其他流行性疾病，很可能会引发其他并发症。如果是集中居住的养老院，可能会引发群体感染，国外的养老院集中爆发新冠肺炎疫情并造成群体死亡事故的事件已有诸多报道。因此，把这两类建筑定义为一级防疫设计等级。其他有特殊需要的场所，如防化部队的营房等，也可参考一级防疫设计等级要求设计。

2.0.4 本条参考《城市居住区规划设计标准》GB 50180－2018编写。

2.0.5 根据《中华人民共和国突发事件应对法》《中华人民共和国传染病防治法》、国务院《突发公共卫生事件应急条例》《国家突发公共卫生事件应急预案》和国家卫健委《关于加强新型冠状病毒感染的肺炎疫情社区防控工作的通知》（肺炎机制发〔2020〕5 号）的有关要求，编制此术语。

2.0.6 本术语采用《实验室 生物安全通用要求》GB 19489-2008 中的定义：“悬浮于气体介质中，粒径范围一般为 $0.001\mu m\sim 1000\mu m$ 的固体、液体微小粒子形成的胶溶状态分散系。”

在《颗粒 生物气溶胶采样和分析 通则》GB/T 38517-2020 中，对于生物气溶胶是这样定义的：含有生物性成分的固体或液体微粒悬浮于气体介质中形成的稳定分散系。生物性成分包括细菌、病毒、真菌、孢子、毒素等。生物气溶胶粒子粒径在 $0.01\mu m\sim 100\mu m$ 之间。

2.0.7 本术语参考卫生行业标准《空气消毒机通用卫生要求》WS/T 648-2019 编写。在微生物杀灭试验中，用百分率表示微生物数量减少的值。对于空气消毒机，实验室的同一条件试验重复 3 次，试验结果的杀灭率（或清除率）均≥99.9%，可判为消毒合格。

2.0.8 本条文参考朱颖心《建筑环境学》（中国建筑工业出版社，2010）和陆亚俊、马最良、邹平华著作《暖通空调》（中国建筑工业出版社，2007）相关内容编辑。

空气龄的概念最早于 20 世纪 80 年代由 Sandberg 提出，是指空气进入房间停留的时间。传统上空气龄概念仅考虑房间内部，即房间进风口处的空气龄被认为是 0（100% 的新鲜空气）。为综合考虑包含回风、混风和管道内流动过程的整个通风系统的效果，清华大学提出了全程空气龄的概念，即指空气微团自进入通风系统起经历的时间；将房间入口处空气龄取为 0 而得到的空气龄称为房间空气龄。较之房间空气龄，全程空气龄可看成绝对参数，不同房间的全程空气龄可进行比较。

本导则中，主要评价的是自然通风的空气龄，因此采用传统意义上的空气龄的概念。

空气龄有两种评价方法，局部平均空气龄和全室平均空气龄。局部平均空气龄为某一微小区域中各空气质点的空气龄的平均值；全室平均空气龄，为全室各点的局部平均空气龄的平均值，本导则采用全室平均空气龄。

2.0.9 涡旋区的定义参考《建筑设计资料集》（第二版）第二分册，以及"科普中国"科学百科词条"背风涡旋"的部分内容修改。

气流遇建筑受阻，绕过或越过建筑后在背风侧形成涡旋，处于涡流区的建筑物很难形成有效自然通风。其形成取决于建筑的外形和风向，与建筑长度，宽度，高度和开口朝向有关。

无风区：《建筑设计资料集》（第二版）第一分册中的解释为：通常指行人区域风速≤0.2m/s，该区域风向标处于静止状态，在此区域活动的人会有明显的无风感，因此定义该区域为无风区。

3 基 本 规 定

3.0.1 呼吸道传染病一般在特定的季节暴发，如甲型流感的高发季节一般在每年的冬、春季，其余的大部分时间都不太需要使用建筑中防疫的功能。因此，防疫设计应考虑平时建筑使用的方便、经济且疫情时能迅速反应发挥防疫的功能，做到"平疫结合"。

3.0.2 居住建筑防疫设计等级划分，是一个相对的指标。本导则根据居住建筑中使用人群的特点，定义了两个防疫设计等级。流行性疾病的传播和人体的免疫能力、人群聚集密度、密切接触时间长短、自我管理能力等因素密切相关，托儿所和幼儿园的婴幼儿，国家规定的疫苗接种还没有完成，自身还没有建立相对完整的免疫能力，所以容易感染流行性疾病。即使没有新冠肺炎疫情，幼儿也容易感染如手足口病、腮腺炎、感冒等疾病，因此在《托儿所、幼儿园建筑设计规范》JGJ 39 中已经有一些消毒措施，如第 6.3.2 条 "托儿所、幼儿园的婴幼儿用房宜设置紫外线杀菌灯，也可采用安全型移动式紫外线杀菌消毒设备"。实际管理中，通常是在幼儿园放学、小朋友离开后，开启紫外灯对儿童活动室等房间进行消毒。所以，这一类人群居住密度大、密切接触时间长、免疫能力不健全、自我管理能力较弱的建筑，将其确定为一级防疫设计等级。

除此以外，有些对防疫要求特别高的居住建筑，如果疫情一旦传播，造成严重后果的建筑，也可以参照一级防疫设计等级设计，如防化部队的营房、特别重要的居住场所等。

居住在养老院的老年人，通常年龄较大，免疫能力弱，属于易感人群。在新冠肺炎疫情管控期间，美国、加拿大、德国、日本等多个国家的很多养老院出现集体感染新冠肺炎事件。据不完全统计，仅日本大阪市，从 2020 年 7 月开始，12 处养老院相继暴发群体感染事件。2021 年 4 月，德国斯图加特地区的 13 家养老院暴发了疫情。

老年人感染新冠肺炎病毒后，容易引起并发症而导致高死亡率，后果比较严重。加拿大温哥华郊区的小山养老院（Little Mountain Place），在 2020 年 11 月 22 日到 2021 年 1 月 29 日期间，养老院的 114 名老年人，有 99 人感染新冠肺炎病毒，其中有 41 名老年人死亡，感染率达 87%，死亡率高达 36%。

因此，对于这一类这人群居住密度较大、人群免疫能力较弱、感染会造成比较严重后果的建筑，也将其确定为一级防疫设计等级。

其他的居住人群免疫能力较强且集中居住的建筑定义为二级防疫设计等级。

3.0.3　在不同类型的居住建筑中，人群特点和生活习惯均有不同。幼儿园、托儿所一个班级一般约有 30 个幼儿，人均活动面积不到 2 m²，且提倡集体活动和近距离接触的合作训练较多，加之幼儿的疫苗没有完成全接种，没有获得比较完整的免疫能力，因此容易感染流行性疾病。

《幼儿园工作规程》（教育部第 39 号（2016 年）令）第二十条规定，幼儿园应当建立卫生消毒、晨检、午检制度和病儿隔离制度，配合卫生部门做好计划免疫工作。幼儿园应当建立传染病预防和管理制度，制定突发传染病应急预案，认真做好疾病防控工作。

《托儿所幼儿园卫生保健工作规范》（卫生部卫妇社发〔2012〕35 号文）中，也对儿童活动场所、玩具等的消毒管理作出了规定。

通过调研，在幼儿园管理实践中，很多幼儿园每天在幼儿放学后，都要对儿童活动室采用物理因子消毒机进行消毒，目前主要是用紫外灯进行消毒。

虽然在老年人全日照料设施中，人群也是集中居住，但是近距离的集体活动机会相对较少，人均居住面积和活动空间也较大。因此，不同的建筑类型应采取不同的防疫措施。

由于建筑类型不同，居住人群不同，所以配套设施不同。例如，大多数幼儿园是住宅小区配建，儿童白天在幼儿园上学，晚上回到家中。如果幼儿感染了流行性疾病，可以回到家中由父母长辈照料，或到就近的医疗服务机构治疗，防止进一步传播。而且每天早上幼儿园有晨检，可以随时发现异常情况。

但是，养老院等老年人全日照料设施一般远离市区，老年人常年居住在养老院中。如果老年人感染了流行疾病，需要在养老院得到治疗，因此对医疗配套的要求更高。

4 总 平 面

4.1 一 般 规 定

4.1.1 本条文是参考现行行业标准《托儿所、幼儿园建筑设计规范》JGJ 39 和《老年人照料设施建筑设计标准》JGJ 450 相关条文编写而成。《老年人照料设施建筑设计标准》JGJ 450 第 3.0.1 条规定，老年人照料设施应适应所在地区的自然条件与社会、经济发展现状、符合养老服务体系建设规划和城乡规划的要求，充分利用现有公共服务资源和基础设施，因地制宜地进行设计。第 4.1.1 条，老年人照料设施建筑基地应选择在工程地质条件稳定、不受洪涝灾害威胁、日照充足、通风良好的地段。第 4.1.2 条，老年人照料设施建筑基地应选择在交通方便、基础设施完善、公共服务设施使用方便的地段。第 4.1.3 条，老年人照料设施建筑基地应远离污染源、噪声源及易燃、易爆、危险品生产、储运的区域。

现行行业标准《托儿所、幼儿园建筑设计规范》JGJ 39 第 3.1.2 条，托儿所、幼儿园的基地应符合：1）应建设在日照充足、交通方便、场地平整、干燥、排水通畅、环境优美、基础设施完善的地段；2）不应置于易发生自然地质灾害的地段；3）与易发生危险的建筑物、仓库、储罐、可燃物品和材料堆场等之间的距离应符合国家现行有关标准的规定；4）不应与大型公共娱乐场所、商场、批发市场等人流密集的场所相毗邻；5）应远离各种污染源，并应符合国家现行有关卫生、防护标准的要求。综合养老和幼儿园这两类建筑的特点和要求，编制本条文。

4.1.2 我国在抗击新型冠状病毒肺炎疫情工作中积累了很多成功的医学和管理经验，本条文是疫情防控的经验总结。例如，一个居住小区，其中一栋楼出现了新冠肺炎的感染者，为了便于管控，通常需要对这个小区、这一栋楼和这一个住户分别采取管理措施。如果是规模较大、人口较多的住宅小区，对整个小区进行管控就比较困难，影响的人群也比较多。如果能够划分成居住街坊，疫情防控管理将更加精准，影响的人群也相应地少一点。另外，在疫情高发期间，不同居住街坊之间可以减少来往，有利于控制疫情的发展。

居住街坊规模的确定参考现行国家标准《城市居住区规划设计标准》GB 50180 的第 2.0.5 条对于居住街坊中描述：由支路等城市道路或用地边界线围合的住宅用地，是住宅建筑组合形成的居住基本单元；居住人口规模在 1000 人～3000 人（约 300 套～1000 套住宅，用地面积 $2hm^2$～$4hm^2$），并配建有便民服务设施。

由于不同城市和地块，建筑容积率差距较大，为方便建筑设计和防疫管理，本条文取上限值，规定每个防疫居住街坊的用地面积不宜大于 4 万 m^2。对于高层建筑为主的居住区，一个居住街坊大约是 4 栋～5 栋楼。

4.1.3 香港大学李玉国教授在 2004 年 4 月发表在《新英格兰医学期刊》（The New England Journal of Medicine）杂志上的研究论文《SARS 病毒通过空气传播的证据》（Evidence of Airborne Transmission of the Severe Acute Respiratory Syndrome Virus）中对 SARS 病毒在淘大花园的暴发进行分析和研究，认为楼栋距离较近也是造成传染的主要原因之一。但是，因为通过空气传播的流行性疾病种类较多，影响因素较为复杂，无法量化建筑之间的距离和疫情传播之间的复杂关系。因此，本条文简化规定，在全年主导风向的上风向和下风向之间的建筑，如果通过自然通风专项分析，得出的结果是通风顺畅的、没有涡流区的，即认为是合格的。

4.1.4 根据疫情防控管理期间的调研，住户比较关注小区入口、公共卫生间等人流较为集中、疫情传播概率较大的公共场所。因此，有的物业公司在疫情期间采取了一些切实有效的措施，例如小区入口采用人脸识别、自动测温技术，有效解决物业管理人员手动测温低效率和易传染的问题；在小区出入口自然通风良好处设有集中的快递收发等。

《深圳市建筑设计规则》（深规土〔2018〕1009）2022版第6.10.1.1条规定，学校、托儿所、幼儿园大门不应开向城市交通干道，其主要人行出入口与城市道路红线之间应有10m以上的缓冲距离，与其他机动车出入口距离应不小于20m，并应提供2辆及以上接送学生大巴的停车位。

在居住区、园区的出入口处设计缓冲空间可以在人流集中时段减少人群的接触，保证人员之间有一定安全距离。北京市《健康建筑设计标准》（报批稿）第3.1.2条，场地出入口应根据平疫转换的需求设置集散场地，并应符合下列规定：

1 居住街坊场地主要出入口应设置进深不小于6m的集散场地，面积不小于地上总建筑面积的1‰且不少于60㎡；

2 公共建筑应在建筑主要出入口前预留集散场地。

本条文的要求在地方设计标准中已经有所考虑，在防疫实践中也被证明是切实可行的。因此，本条文综合现有的标准的要求提出。

4.1.5 首层架空、减少建筑前后遮挡，有利于自然通风。本条文和夏热冬暖地区的住宅设计的习惯做法相同。现行行业标准《城市居住区热环境设计标准》JGJ 286第4.1.4条规定，在Ⅲ、Ⅳ、Ⅴ建筑气候区，当夏季主导风向上的建筑物迎风面宽度超过80m时，该建筑底层的通风架空率不应小于10%。

关于具体的架空层设计要求，深圳市规划和国土资源委员会印发的《深圳市建筑设计规则》（深规土〔2018〕1009）2022版第3.1.2.2条规定，建筑首层架空或其他楼层与城市公共通道连通的部分架空，作为24h免费向所有市民开放的公共空间，梁底净高不小于3.6m。

4.2 总平面布置

4.2.1 本条文参照现行行业标准《民用建筑绿色设计规范》

JGJ/T 229 第 5.4.2 条：场地风环境应满足：建筑规划布局应营造良好的风环境，保证舒适的室外活动空间和室内良好的自然通风条件，减少气流对区域微环境和建筑本身的不利影响，营造良好的夏季和过渡季自然通风条件；在严寒和寒冷地区，建筑规划时应避开冬季不利风向，并宜通过设置防风墙、板、植物防风带、微地形等挡风措施来阻隔冬季冷风；应进行场地风环境典型气象条件下的模拟预测，优化建筑规划布局。

在建筑节能和绿色建筑设计时，有些项目也会进行场地风环境模拟，但是多数情况只会模拟计算全年主导风向下的自然通风。然而，流感等流行性疾病在冬季和春季是高发季节，这两个季节的主导风向和全年的主导风向并不一定相同。因此，在本导则中要求全年每个季节的场地通风情况均要求计算模拟和优化。

以广州为例，广州市属于亚热带海洋性季风气候，风向的季节性很强。全年的主导风向是北风，但是春季以偏东南风较多，偏北风次多；夏季受副热带高压和南海低压的影响，以偏东南风为盛行风；秋季由夏季风转为冬季风，盛行风向是偏北风；冬季受冷高压控制，主要是偏北风，其次是偏东南风（图 1）。

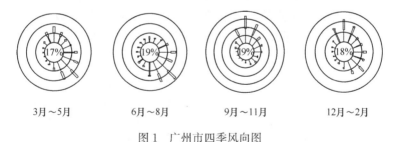

| 3月～5月 | 6月～8月 | 9月～11月 | 12月～2月 |

图 1　广州市四季风向图

4.2.2　现行行业标准《车库建筑设计规范》JGJ 100 第 3.2.8 条规定，地下车库排风口宜设于下风向，并应做消声处理。排风口不应朝向邻近建筑的可开启外窗；当排风口与人员活动场所的距离小于 10m 时，朝向人员活动场所的排风口底部距人员活动的地坪高度不应小于 2.5m。

《宁波市住宅设计实施细则》（甬 DX-JS 003）第 7.5.5 条规定，地下室应设置尾气排气道，排气道及其排气口的设置位置要求：排气道应依附建筑主楼进行高空排放，不得在出地面处或非最高自然层外墙等部位开口直接排放。或者，排气道出地面处，距离排气道正向 20m 或侧向 15m 或背向 10m 范围内无建筑主楼，且排气道上方无建筑外窗时，排气道可依附建筑裙楼、附属用房设置，可不依附地上建筑独立设置；或者当排气口与人员活动场所的水平距离小于 10m 时，朝向人员活动场所的排气口底部距离人员活动场所地坪的高度不应小于 2.5m。

董国强在《地下车库汽车尾气排放口设置的合理性分析》（《资源节约与环保》2014 第 3 期）的研究中发现，当地下车库的排气口高出地面 2.5m 并设置在绿化带中时，污染物排放浓度和排放速率均符合现行国家标准《大气污染物综合排放标准》GB 16297 的二级排放标准要求。因此，综合考虑，本导则提出要求地下室排风口高出地坪 2.5m。

4.2.3 居住区或园区内部生活垃圾收集站、生活垃圾收集点布置时，参照现行国家标准《城市环境卫生设施规划标准》GB/T 50337，生活垃圾点的服务半径不宜大于 70m，生活垃圾点宜采取密闭方式。生活垃圾收集点可采用放置垃圾容器或建造垃圾容器间的方式，采用垃圾容器间时，建筑面积不宜小于 10m²。

生活垃圾收集站的服务半径，如果采用人力收集，服务半径宜为 500m，最大不宜超过 1000m；采用小型机动车收集，服务半径不宜超过 2000m；大于 50000 人的居住小区或居住街坊，可单独设置收集站。生活垃圾收集站用地指标如表 5 所示。

表 5　生活垃圾收集站用地指标

规模（t/d）	用地面积（m²）	与相邻建筑间距（m）
20～30	300～400	≥10
10～20	200～300	≥10
<10	120～200	≥8

生活垃圾收集站可以沿小区围墙布置，居民在小区内部投放垃圾，垃圾运输车从围墙外清运垃圾，实现"内设外运"。这种设计对居住区内的居民影响较小，垃圾运输车行驶也比较便捷，这是目前很多住宅小区采用的一种方式。

居住区的垃圾收集点是必要设施。在条件允许时，生活垃圾收集点上方设置遮蔽物和固定消毒除臭措施，集中放置垃圾，避免垃圾污染物和臭气无组织扩散，也减少降雨造成垃圾收集点的污染外流。

口罩等医疗遗弃物作为疫情管控期间的必备物，应进行专门的收集和处理，以减少病毒和细菌传播，造成二次污染。

4.2.4 快递和外卖已经成为我国城乡居民不可或缺的重要服务形式，根据《2020年中国快递发展指数报告》，2020年我国快递服务量累计完成833.6亿件，人均快件使用量约59件。2021年，艾媒调研数据显示，35.2%的中国消费者月均点1次~5次外卖；6次~10次的消费者占比为27%；月均20次以上的消费者占比达到5%；只有18.5%的中国消费者从未点过外卖。而且这种服务的需求还在持续增长。

疫情管控期间实践也表明，居住区设置收取外卖和快递的空间是非常必要的，可以避免住户和快递员的接触，有效减少住户的恐慌心理。

现行行业标准《宿舍建筑设计规范》JGJ 36中也有应对突发事件的快速疏散和防灾减灾的相应条文：第4.2.4条，宿舍主要出入口前应设集散场地，集散场地应不小于0.2m²/人；第4.2.5条，集散场地、集中绿地宜同时作为紧急避难场地，可设置备用的电源、水源、厕浴或排水等必要设施。因此，本导则要求，除幼儿园、托儿所外，居住建筑内的公共空间应预留智能快递柜的位置和电源；智能快递柜宜设置在首层通风处，方便住户收取和投递邮件。

"平疫结合"是经济的建设方式，因此，在设计时应预留防疫管理条件。平时不用安装设备，只需要预留场地、电源和给水排水点。一旦发生疫情，可以实现居住街坊间的隔离，提供外卖和快递收发场地、核酸检测、消毒器材库房、需频繁消杀的特殊场地等。

当居住区或居住街坊规模较大时（用地面积超过 4 万 m^2），可结合多出入口对非接触式外卖、快递、消毒、核酸检测、疫情管控等防疫措施使用场地分开设置，减少人员的接触和交叉感染机会，同时也便于精准设置管控区和封控区，最大限度减少隔离和管控措施影响的人数。

4.2.5 化粪池是居住区污废水集中处理的设施，检查井盖有透气孔，平时会散发臭气，清掏时更是臭气熏天。因此，化粪池位置要求设于全年主导风向的下风向且远离主要出入口及人员聚集场所，并应有明显标识和警示牌。建议对于一般居住建筑，化粪池距离主要出入口和人员密集的活动区应大于 10m；要求较高的一级防疫设计等级的居住建筑，化粪池距离主要出入口的距离应大于 20m。

4.3 交通和活动场地

4.3.1 清华大学赵彬教授的《室内人体飞沫传播的数值研究》（《暖通空调》2003 年第 23 卷）以及《2019-nCoV 的空气传播防控建议》（2020 年 1 月 23 日）演讲中，针对 SARS 的研究认为，当人正常呼吸时，呼出物的当量浓度在其 1m 范围内即可衰减至起始值的万分之一，即 100ppm 以内时，可视为安全。打喷嚏咳嗽的安全距离是 10m 且需要防护，最需要戴口罩的是感染源；人谈话时的安全距离可参考喷嚏咳嗽的防护。因此，要求内部人行频率较高的步行主路宽度应大于 3m，保证人行交错时有 1m 以上的安全距离；每种病毒或细菌的致病浓度并不相同，科学上目前并未有一个统一的结论。不过，可以肯定的是，行人之间的距离越大，被感染的概率越低。

现行国家标准《民用建筑设计统一标准》GB 50352 第 5.2.2 条规定，单车道路宽不应小于 4.0m，双车道路宽不应小于 6.0m，人行道路宽度不应小于 1.50m，《城市居住区规划设计标准》GB 50180－2018 第 8.0.2.4 条规定，宅前路的路面宽度不宜小于 2.5m。

宅前路是主要供居民出入住宅的道路，在基本满足自行车与人行交通的情况下，还应满足急救、运物、搬运家具以及清运垃圾等要求。按照居住用地内有关车辆低速缓行的通行宽度要求，轮距在 2m～2.5m，为此，宅间路路面宽度一般为 2.5m～3m，既可满足双向各一辆自行车的交会，也能适应一辆中型机动车（如 130 型搬家货车、救护车等）的通行。因此，本条文的要求与国家现行的规范不矛盾，是容易实现的。

4.3.2 本条参考现行团体标准《健康建筑评价标准》T/ASC 02 第 8.2.1 条编写。交流是人与人相处的必要行为，是健康的"刚需"，虽然现在网络发达，在线上也能实现交流，但是即使在疫情管控期间，在实体空间中的交流也是必不可少的。因此，在居住建筑设计中，应该为居住区内不同人群提供室外休闲、健身、交往的场地，并设置相应的休闲、游戏、休憩设施。

交流场地应有足够的面积，以便为人们提供足够的交流场地和良好、健康的环境；场地需通风顺畅，不得在气流涡旋区；交流场地要有休息的座椅，座椅需方便擦洗；交流场地不得临近生活垃圾收集点和容易滋生蚊虫的水体或灌木丛等。

4.3.3 本条参考现行行业标准《幼儿园、托儿所建筑设计规范》JGJ 39 的相关条文编写。增加对儿童经常活动的沙池的要求。社区儿童活动场地的沙池和游乐设施，也应按照本条文的要求，日照时间不小于 3h，保证能自然消毒。

4.3.4 本条参考现行团体标准《健康建筑评价标准》T/ASC 02 第 8.2.2 条编写。居住建筑室外交流、活动场地中，特别是儿童活动场地，附近应有洗手、清洁条件，公共卫生间应有洗手设施，同时应配备清洁、消毒的卫生产品。

4.3.5 儿童活动多以接触体验为主，场所和设施应方便清扫和消毒。如果有条件，儿童游戏设施表面材料应具有抑菌功能。

4.4 景　　观

4.4.1　景观应增加落叶乔木、草地的面积。市场上有一些景观设计片面追求常绿、美观，一些"豪宅"项目存在过度绿化的问题，如"五重绿化""七重绿化"。这种现象一方面造成浪费，另一方面太密集的植物绿化会滋生蚊虫，特别是大面积的灌木丛中垃圾无法清理，成为蚊虫、老鼠、蛇等动物藏身的地方。另外，常绿乔木过多，在冬季遮挡住阳光，影响住户健康。因此，本条文建议，适当增加落叶乔木和活动场地的面积，减少大面积灌木丛。

另外，住区种植果木不但增加物业管理的难度，儿童攀摘果实还会带来安全隐患。果实落地腐烂后会滋生细菌微生物，如果物业服务人员不能及时清理，影响居住环境。

绿化种植宜适量配置防蚊虫植物。常见的驱蚊植物有夜来香、薰衣草、猪笼草、天竺葵、七里香和食虫草等，这些植物在绿化设计中的适当应用不仅可以起到驱虫防蚊的效果，还可以营造出有良好的景观效果。

4.4.2　蚊子会传播疟疾、登革热、乙脑等多种疾病，对人类健康有很大的危害。蚊虫偏好隐蔽、阴暗、通风不良且空气湿度大的环境，昆虫生长分为卵、幼虫、蛹及成虫 4 个阶段，前 3 个阶段必须在水中完成，成年蚊也需要选择水体或较为潮湿的场所产卵。雨水花园、雨水花坛等海绵设施恰好满足这些条件，其中的植物不仅为蚊虫提供食物，还为蚊虫提供栖息地和避难所。在温度适宜时，多数蚊卵产后 7 天～10 天内就可以孵化，伊蚊属的卵可以在不利条件下一直处于休眠状态，直到条件适合时孵化。

雨水花园、雨水花坛等积水、蓄水型海绵城市设施，由于设施隐蔽、管理难度较大，目前也没有较完善的运维管理的标准，因此，涉水的海绵设施易成为老鼠、蚊虫、微生物滋生的场所。另外，雨水花坛、蓄水池等海绵设施还涉及人员安全问题。因此，本导则不建议将这一类海绵城市设施应用在防疫要求较高的一级防疫设计等级的居住建筑中，如必须采用，应采取可靠安全和避免滋生蚊虫的措施，如增加围栏，定期进行消毒。

室外场地及空间环境进行优化设计，避免积水，防止蚊虫滋生，场地竖向规划设计应符合现行国家及行业标准《民用建筑设计统一标准》GB 50352、《城乡建设用地竖向规划规范》CJJ 83中相关规定。

4.4.3 本条参考北京市地方标准《健康建筑设计标准》（报批稿）第 3.1.5 条编写。居住区的标识系统对于救护和疫情防控非常重要，应该在每个出入口、居住街坊、居住区内部的主要交叉路口等处设置醒目的标识系统，方便救护车迅速找到目的地。

场地出入口应设置楼栋位置及编号示意图，示意图中注明楼栋位置、编号、出入口位置，楼牌、门牌标识应位于易于识读的位置且无遮挡、破损。严禁遮挡、损坏，如破损丢失，需及时替换、更新。楼栋上的编号要设在统一的位置，字体要足够大，在夜间也应能看到。门牌、楼牌的设置很多地方政府有规定，如北京市地方标准《门牌、楼牌 设置规范》DB 11/T 856。建筑内部道路信息和建筑信息，应能在电子地图和导航系统上显示并实时更新。

5 建 筑

5.1 一 般 规 定

5.1.1 建筑室内的通风对于防疫至关重要，而影响室内通风的一个重要因素是进深，本条参考现行国家标准《民用建筑热工设计规范》GB 50176 第 8.2.2 条，规定针对采用自然通风的建筑，双侧通风的户型进深不宜超过 12m。

当建筑不能实现自然通风而采用机械通风时，为避免通过风管等发生交叉感染，应在机械通风设备中增加过滤和净化功能措施。

5.1.2 电梯是竖向交通的主要通行方式，特别是在高层建筑中。电梯轿厢空间狭小，电梯井道通常是密闭的，轿厢中的空气无法和室外空气进行交换，尤其是夏热冬冷地区和严寒和寒冷地区的供暖季节。如果此时电梯乘客中出现一例新冠肺炎感染的患者，并且在电梯中没有佩戴口罩咳嗽、打喷嚏，极有可能造成病毒在轿厢中循环、无法排出，不但会造成一同乘梯的乘客感染，而且后续的乘客也可能会感染，如 2020 年 11 月，天津东疆港区瞰海轩小区由于一名感染者未佩戴口罩，在电梯里咳嗽、打喷嚏，不到 2 分钟后，邻居一家三口进入电梯，从而被感染。紧接着又通过相同途径感染小区内数人。因此，电梯井道设计和电梯通风空调设备选择时，应充分考虑防疫的因素。

本条文一方面要求电梯井道能够自然通风，轿厢空气能通过井道抽取排出；另一方面要求在轿厢中安装空气消毒装置，即使乘梯者中有新冠肺炎病毒感染者，轿厢中的电梯防疫净化器可以快速将患者呼出的病毒和细菌杀灭，避免轿厢中的病毒气溶胶感染其他乘梯人。

住宅电梯轿厢送风机的风量一般在 250m³/h～390m³/h，轿厢每小时换气次数可达 20 次以上。疫情管控期间，电梯轿厢应加大送风量，可以迅速将轿厢中的空气通过电梯井道的排风系统排出。

随着生活水平的提高，很多电梯轿厢中安装空调，电梯轿厢中的空气通过空调系统形成了一个闭式循环系统。因此建议，安装空调的电梯轿厢需采用经卫健委认证的电梯专用具有杀灭病毒和细菌功能的净化器，要求净化器的病毒和细菌的杀灭率 30 分钟内大于 99％。

5.1.3 本条参考 2020 年 9 月 1 日施行的《深圳市生活垃圾分类管理条例》第二十三条：居住区居住楼层公共区域不得设置生活垃圾收集容器；除符合生活垃圾分类设施设备设置规范的收集容器外，居住区公共区域（含地下公共空间）不得设置其他用于收集垃圾的容器。

楼层的公共空间放置垃圾收集容器，多数情况下无法及时清运而成为污染源，且公共区域面积较小，不方便进行垃圾分类。因此，楼层的公共空间不应设置生活垃圾收集容器。

5.1.4 在供暖和空调设备连续运行期间，住宅住户、幼儿园、老年人全日照料设施的外窗会关闭，新风主要依靠建筑门窗缝隙的无组织渗透，因此普遍存在新风量不足的情况。严寒和寒冷地区，因为冬季连续供暖时间长，新风量不足，室内的污染物和细菌病毒无法稀释排出，导致室内空气质量下降。同一居室中，如果有人感冒，极容易传染给其他人，这也是冬季流行性疾病高发的原因之一，因此建议设置新风系统。

本导则第 6.3.6 条对于一级防疫设计等级的居住建筑提出了更高的要求：设置集中新风系统的一级防疫设计等级的居住建筑，新风系统应满足在疫情管控期间加大新风量运行、正常使用期间节能运行的需求，并宜具备相应的排风或者风量平衡措施。疫情管控期间新风量宜按正常使用期间新风量标准增加 100％，并满足人体热舒适的要求。仅供疫情管控期间使用的新风系统和设备，应具备安装、检查和维护的空间。

5.1.5 在太阳下晾晒衣被和生活物品是中国传统的健康生活习惯。在集体宿舍，老年人居住建筑相关标准中，也明确提出应设晾晒空间。但是，住宅建筑因为涉及屋顶建筑面积计算规则和增加物业管理的工作量等原因，实施起来有一定的难度。在实际项目中，住宅南向阳台可以作为晾晒衣被的场所，一些创新住宅产品设计的进深大于1.5m的宽大阳台也很受住户的欢迎，也有一些房地产开发企业和物业合作，在屋顶、小区草坪上布置晾晒空间，探索设置阳光晒台等健康的生活理念。

5.1.6 现行国家标准《室内空气质量标准》GB/T 18883 对室内空气物理性、生物性等提出标准限值要求，部分参数见表6。

表6 室内空气物理性、生物性等标准限值

序号	参数类别	参数	单位	标准值	备注
1	物理性	温度	℃	22-28	夏季
2		相对湿度	%	30-60	冬季
3		风速	m/s	≤0.3	夏季
4		新风量	m³/（h·人）	≥30	—
5	生物性	细菌总数	CFU/m³	≤1500	—

《室内空气质量标准》GB/T 18883 - 2022 中，将菌落总数值指标修改为 1500CFU/m³，是原来要求的 2500CFU/m³ 的 60%。

《公共场所卫生指标及限值要求》GB 37488 - 2019 中第4.2.2条规定对有睡眠、休憩需求的公共场所，室内空气细菌总数不应大于1500CFU/m³ 或20CFU/皿，其他场所室内空气细菌总数不应大于4000CFU/m³ 或40CFU/皿。韩国《公用设施室内空气质量控制法》医疗、培育、养老机构室内空气细菌总数不应大于 800CFU/m³，新加坡标准的要求更高。综合考虑，本导则参考韩国和新加坡的标准，提出针对托儿所、幼儿园和老年人全日照料设施的一级防疫设计等级居住建筑的休息和活动空间，室内空气的菌落数应小于 800CFU/m³ 的要求。有条件的情况下，一级防疫设计等级居住建筑应安装室内空气微生物浓度监测系统。

5.1.7 新冠肺炎疫情期间，物业承担防疫管理和服务的主要具体工作，调研发现，居住区普遍存在防疫物资的储存空间缺乏的问题，口罩、防护服、消毒液、消毒设备，无处存放。因此，在居住建筑防疫设计中，应预留出防疫和应急物资储存的房间。

5.1.8 公共卫生间厕便器应有隔断，隔断高度不应小于2.5m或紧贴吊顶，卫生间排风系统在每个厕位上方应设计排风口，直接排走粪便臭味，避免相互影响。与国家建筑标准设计图集《公用建筑卫生间》16J914-1，要求"厕便器的隔断大于2.5m"一致。

多个小便斗之间应设置隔板，可以减少小便时产生的气溶胶对人员的相互影响。

5.1.9 接触也是疫情传播的途径之一。居住建筑中高频接触物体表面如电梯按钮、公区的门把手、电梯轿厢侧壁、公共水龙头开关、公共餐厅的台面、座椅、幼儿园和托儿所的活动地面等，都是传染途径，宜采用抑菌材料。抑菌材料的种类较多，如不锈钢就是比较好的抑菌材料。

5.1.10 纱窗、纱门是非常有效且成本极低的防蚊虫措施，应积极推广。

5.1.11 采用机器人保洁和消毒已经在很多居住区和园区中实施，但是，在实际操作中发现，居住区设计不适合机器人行走，台阶、门槛较多、坡度太大，没有预留清扫机器人和消毒机器人充电和停放的位置和存放的空间，影响机器人工作效率。因此，本导则建议在设计时应预留使用机器人消毒和保洁的建筑条件。

5.2 住　宅

5.2.1 2003年，香港淘大花园发生300余人集体感染SARS病毒的事件，其中有住户就是因为卫生间地漏干涸而导致感染。因此，建筑室内房间布局也很重要。当居住空间位于主导风向上风向时，可以避免卫生间、厨房等产生的异味的影响。但是有一些住宅设计，片面强调视野景观，没有综合考虑城市的主导风向和气候条件，虽然主要功能房间景观好，但位于城市主导风向的下风向，卫生间和厨房等污染房间位于上风向，导致居住环境很不健康。因此，参照现行国家标准《民用建筑热工设计规范》GB 50176 编制本条文。

5.2.2　由于全国气候条件相差较大，建筑总平面和户型设计越来越复杂，按照"南北通透"的经验进行平面设计很难获得健康舒适的自然通风条件，因此，建议户型设计采用计算模拟的方法优化自然通风设计，现在普遍采用的是计算流体力学模拟软件如CFD 等，采用"空气龄"评价室内自然通风好坏。通常认为，室内的空气龄不大于 300s 表明室内空气质量为优，具体计算方法参考现行行业标准《民用建筑绿色性能计算标准》JGJ/T 449。

5.2.3　国内外疫情管控期间居家隔离的经验表明，良好的视野不但是室内自然通风的要求，也是心理健康的需要。有的城市从城市景观的角度出发，提出高层住宅不得设置开敞式阳台。更多的城市为了防止开发商"偷"面积，对设置阳台采取了很多约束条件。在高房价的城市，也有开发商提出，取消阳台可以降低一套住宅的总价，满足购房者对于总价控制的要求等等，但是三年的疫情特别是疫情管控期间，住户深刻感受到阳台的重要性，可以在阳台上种花、看书、养宠物，甚至透过阳台和邻居交流，极大缓解居家隔离时的压抑心情。市场调研和客户研究也表明，宽大的阳台更受购房者青睐。因此，不管从哪个角度出发，住宅的阳台不能取消。

5.2.4　香港多个官方机构针对淘大花园 SARS 集体感染事件的事后联合调查和研究显示，由于厕所、浴缸经常使用，与其相连的存水弯和地漏中的水封大部分时间有水，可以起到阻止排水管中臭气进入卫生间室内的作用。但由于大部分住户清洁浴室地面时，习惯采用拖把而非用水冲洗，或者较长时间未使用卫生间，导致地漏中的存水弯干涸，未能发挥隔离作用。卫生间的病毒传播路径为：（1）带病毒污水由污水管排出，带病毒气溶胶及细菌进入上下层住宅；（2）卫生间水封良好的存水弯，阻止病毒进入室内；（3）干涸的地漏存水弯，没有起到阻断作用，病毒通过排水管道进入卫生间；（4）当启动排风扇时，大量病毒进入卫生间内，住户被感染；（5）"天井"的建筑构造设计形成了"烟囱效应"，病毒向上面的楼层扩散，通过开向"天井"的外窗，传染了更多住户。

因此，本导则规定：（1）建筑设计应避免自然通风的厨房、卫生间的外窗开向多户共用存在空气滞留的凹槽；（2）如厨房和卫生间的外窗开向天井或凹槽，则应设计机械排风系统，排风应排向独立的排风竖井，高空排放，不应排向天井或凹槽。

关于凹槽的定义，各地不太一样，南方有的城市将其定义为：凹槽的深宽比大于 4 即等同于天井。在实践中，住宅的拼接户型容易出现这个凹槽的天井形式，在设计时应尽量避免。

5.2.5 疫情管控期间，很多地产商和建筑师对住宅设计提出很多创新的防疫思路，比如在入户门玄关处设洗手盆，风淋设备等等，但是在落地实践中出现了较多的问题。例如，在入户门处设洗手盆，增加了一个用水点，不但防水构造不好做，增加了漏水点，影响建筑品质，而且洗手盆的水封如果管理不好，其自身也是一个污染源。

卫生间是住宅户内最主要的污染源，所以卫生间的门不应开向起居室、厨房和餐厅。卫生间干湿分离设计能最大程度地保证人体健康和环境安全，还可以进一步对淋浴、马桶、洗脸盆进行三分离设计。如果洗衣机也放在卫生间的，也应分离设计。

5.3 老年人全日照料设施

5.3.1 空气质量对老年人的身心健康至关重要，因此设计时应注重老年人休息室和居室的自然通风条件。通过对社区老年人生活习惯的调研，发现老年人喜欢晒太阳，特别是在室外气温较低的季节，这是老年人的生理特点决定的。因此要求居室应具有日照条件。

5.3.2 老年人全日照料设施对于医疗的需求较大，产生的污物量和医疗废物较多，因此宜设置污物间和临时存放医疗废物用房。

5.3.3 老年人由于体质较差，一旦感染流行性疾病，容易引发并发症，所以老年人全日照料设施的建筑应设计文娱和健身用房，以增强老年人的体质。

5.4 托儿所、幼儿园

5.4.1 现行行业标准《托儿所、幼儿园建筑设计规范》JGJ 39要求，托儿所、幼儿园的活动室应设计紫外线消毒装置，用于环境消毒。这种方式的消毒装置曾经出现过误操作，儿童在园期间开启了紫外线消毒灯，导致幼儿身体的永久伤害。因此本导则特别要求消毒装置必须有保证幼儿身体不受伤害的技术措施。

随着技术的进步，更安全、更高效的空气消毒新技术和产品不断出现，因此，有"人机共处"的新型消毒设备，可以实现环境和人员消毒，但是不管设置哪种消毒方式，均要求固定设置，且空气消毒装置应满足卫生消毒产品的要求。

5.4.3 保健观察室要求布置必要的生活设施，这是托儿所、幼儿园设计的功能需要。若患儿大小便到其他公共卫生间，既不方便，也易传染别人。因此，规定保健观察室在满足现行行业标准《托儿所、幼儿园建筑设计规范》JGJ 39 的同时，尚应满足与其他空间的分隔要求。

5.4.4 托儿所、幼儿园封闭的衣帽间，是存放入园儿童衣物的公共储藏空间，活动室的紫外灯或其他空气消毒装置无法覆盖到这一区域。因此，应设置机械通风系统，并预留空气消毒设施安装的电源，在疫情管控期间或流感高发季节可以使用。

5.4.5 托儿所、幼儿园的孩子身体小，好奇心强，判断能力差，消毒间和消毒设备应远离儿童活动区域，并应采取严格的隔离措施避免幼儿进入或接触。

5.4.6 接触传染是新冠病毒等多种流行性疾病的传播途径，因此托儿所、幼儿园应配置供儿童日常使用的玩具、图书、衣被等物品进行消毒的专用设施和设备，以方便定期对儿童日常公用的玩具、图书、衣被等物品进行消毒。

5.5 宿　舍

5.5.1 宿舍属于聚集的居住空间，现行行业标准《宿舍建筑设计规范》JGJ 36 中第 4.2.1 条规定，宿舍 8 人为宜，不宜超过 16 人。一个宿舍的居住人数越多，流行性疾病相互传染的风险概率越大。

随着我国经济发展，很多学校和企业也在逐步改善学生和员工的居住条件，基本都能达到一间宿舍居住 8 人以下的标准，有些经济条件较好的企业和学校，一间宿舍的居住人数甚至少于 4 人。因此，本条文规定每间宿舍居住人数不超过 8 人。

5.5.2 居室内设置卫生间、浴室时，卫生间、浴室应采取独立的通风换气措施，不应多个卫生间共用一个排风机或排气扇。

5.5.3 宿舍属于临时性居所，管理难度非常大，公用卫生间、公用盥洗室，公用浴室是主要的污染源，因此，应设有机械排风系统。

5.5.4 生活垃圾收集间以前通常设在楼层的走廊或盥洗室，难以实施垃圾分类管理，且垃圾无法保证及时清运，容易腐烂散发异味。

宿舍垃圾成分复杂，有家庭厨余垃圾：如菜叶、瓜果皮壳等易腐性垃圾，还有餐厨垃圾：如食物残渣、食品加工废料、过期食品和废弃食用油脂等，这些垃圾容易腐烂变质，污染室内公共区域的环境。

因此，建议将垃圾间设在宿舍楼栋的入口处或架空层室外，不要影响宿舍人员的生活。

6 供暖、通风和空气调节

6.1 一般规定

6.1.1 供暖、通风和空气调节设计应能满足建筑的防疫需求，疫情管控期间，空调系统能降低传染病的传播风险，保障室内空气质量及安全，设计和安装应一次到位。就是说，在平时正常使用工况下，应符合相关建筑节能规范的要求，疫情管控期间能实现快速功能转化，满足建筑防疫的要求。

6.1.2 新风空调机房是容易积尘、集菌的场所，将机房作为负压进风室，直接从空调机房吸取新风是不合理的设计方式，机房的灰尘和细菌易进入新风空调系统，从而进入房间。因此，新风的采集不应采用机房间接进风的方式，应通过风管直接从室外清洁之处进风。

6.1.3 新风进风口和排风口分别设在建筑主导方向的上风向和下风向，在居住建筑的设计上实现是有难度的，应尽量考虑。实际工程中，为节省成本和装修美观，通常将新风机设在厨房或卫生间吊顶上，这样做的后果是，卫生间的排风容易和新风机的进风短路，即卫生间的排风被新风机吸入，造成二次污染。新风机设在厨房吊顶，也是相同的问题，新风机容易吸入厨房的油烟。

另外，厨房和卫生间这两个地方空气相对湿度也较大，新风机容易锈蚀。卫生间的吊顶空间狭小，更换新风过滤器难度大。因此在住宅设计时，可以考虑将新风机设计在南向阳台顶上。对于夏热冬暖地区，南向阳台较少封闭，新风可以直接从阳台抽取。对于夏热冬冷地区、严寒和寒冷地区，南向的阳台常常封闭，此时应预留新风口。

6.2 机 械 通 风

6.2.1 卫生间、淋浴间竖向共用排风系统，由屋顶排风，一是避免影响临近的其他居室卫生间或房间。例如，每户卫生间的排风都直接从侧墙排向室外，排风容易通过临近房间的外窗进入其他房间，造成污染。二是减少侧墙排风管在外墙的留洞，减少漏水点，保证建筑质量。但是，这种集中排风方式，容易因为天气或其他原因导致的公用排风道的空气倒灌，所以，每户的卫生间、淋浴间的排风管在接至竖管时应设置止回阀，这在相关标准中已有规定。对于既有居住建筑改造项目，若卫生间采用排气扇直接外排的方式，应设置止回阀，降低疫情期间户间的交叉感染风险。

6.2.2 本条文与本导则第 5.1.8 条呼应：居住建筑配套的公共卫生间厕便器应有隔断，隔断高度不应小于 2.5m 或紧贴吊顶；多个小便斗之间应设置隔板。

公共卫生间设置机械排风系统可有效保证卫生间为负压状态。排风系统设计时，应在每个厕便器的上方设排风口，避免相互影响。国家建筑标准设计图集《公用建筑卫生间》16J914-1，要求厕便器的隔断大于 2.5m。对于吊顶高度 2.5m 或以下的情况，隔断贴吊顶。此时，必须要求一个厕便器一个排风口。

另外，对于男厕所小便器的上方，也应加设一个排风口。卫生间排气中含有氨气，容易腐蚀管道和风机，管道和风机应选择耐腐蚀的材料和设备。

当卫生间排风系统未开启，同时室外风压力较大的情况下，容易发生室外空气倒灌现象。因此，卫生间排风系统要求采取防倒灌措施，如每个卫生间通风器设置止回阀或卫生间排风总管上设置止回阀。

6.2.3 上人屋面的住宅厨房排气道，排风口下沿应高出屋面平台地面 2m，高出人呼吸道平均高度 0.5m 以上，减少排油烟对在屋顶活动的人员的影响。

6.2.4 幼儿园、托儿所和老年人全日照料设施在本导则中为一级防疫设计等级，配套的公共餐厅通风系统过滤器的配置标准也应该提高，避免公共餐厅和公共厨房通风因没有设置过滤设施导致病菌侵入室内，参照《饮食建筑设计标准》JGJ 64－2017 的相关要求编制。

6.2.5 居住建筑的公共区域，如会所、公共活动用房、公共餐厅、多功能厅、健身疗养中心等，当设置全空气空调系统时，为满足疫情时期使用，全空气空调系统应能转换为全新风运行。

6.2.6 生活垃圾收集站、室内垃圾收集间会生产恶臭、滋生病毒和细菌，其污染成分极其复杂，其通风不应对周围环境产生影响。现行行业标准《生活垃圾收集站技术规程》CJJ 179 对垃圾房的通风、除尘、除臭等要求为强制性条文，排风系统的排放标准应符合现行国家标准《环境空气质量标准》GB 3095、《恶臭污染物排放标准》GB 14554 等有关规定。该标准对生活垃圾收集站的除尘除臭规定如表 7 所示。

表 7　垃圾站除尘除臭排放标准限值

污染物项目	限值	
	室外	室内
硫化氢（mg/m³）	0.030	10
氨（mg/m³）	1.0	20
臭气浓度（无量纲）	20	—
总悬浮颗粒物 TSP（mg/m³）	0.30	—
可吸入颗粒物 PM10（mg/m³）	0.15	

本导则对垃圾房的排风系统单独设置以及高空排放做出了进一步的要求，目的是为控制垃圾房的排风以及可能存在的病毒、细菌对其他房间和居住建筑的人员、环境带来影响。设在建筑物地下室的垃圾房，通过竖井引至屋顶高空排放，要求排风机设置在屋顶，目的为保持排风竖井为负压，避免正压竖井带来的空气

泄漏对使用房间的影响。

6.2.7 在 2020 年 5 月，中华人民共和国住房和城乡建设部办公厅发布了《公共与居住建筑室内空气环境防疫设计与安全保障指南（试行）》，其中对一些主要产生污染的场所的通风换气次数做了规定。本导则将指南中的生活垃圾收集站（间）的通风换气次数由指南的 10 次/h 提高到 15 次/h。其他配套房间的换气次数，根据相关规范的汇总编制而成。

6.2.8 根据相关标准，将居住建筑内可能会产生异味，或可能带有细菌、病毒的专用配套功能房间的通风换气次数和系统设置要求进行汇总，方便设计使用。例如，宿舍的公用盥洗室、公用厕所、公共浴室、公用厨房、清洁间、垃圾收集间等功能房间，即使有外窗，也应设置机械排风系统，一是避免天气原因不能开窗，无法实现这些房间的通风；二是楼层不能形成很好的定向流、不能保证宿舍内的空气有序流动，可能造成这些空间的空气倒流进入走廊、宿舍等人员活动较多的场所。养老设施太平间通风换气次数按非冷冻停尸房考虑，参考 ASHRAE 手册取 10 次/h 换气。

6.2.9 参照《建筑与小区管道直饮水系统技术规程》CJJ/T 110－2017 第 7 章对"净水机房"的要求，第 7.0.1 条，净水机房应保证通风良好。通风换气次数不应小于 8 次/h，进风口应远离污染源。第 7.0.6 条净水机房应配备空气消毒装置。当采用紫外线空气消毒时，紫外线灯应按 1.5W/m³ 吊装设置，距地面宜为 2m。如果净水机房采用机械通风，则要求送风系统设两级过滤，保证净水机房环境卫生。

6.2.10 北京市地方标准《健康建筑设计标准》（报批稿）第 3.2.3 条提出，走廊、楼梯间、电梯间等公共区域，宜采用自然采光、自然通风或设置机械通风；本导则参考此条文。

楼梯间、电梯间是人流密切接触的位置，应加强楼梯间、电梯间的采光与通风，并设置、预留消毒设备或设施，降低病毒的传播。走廊、楼梯间、电梯间等具备自然通风能有效提高公共空间的舒适度，同时疫情期间可通过开窗换气减少疾病传播的风险。

6.2.11 参照《公共及居住建筑室内空气环境防疫设计与安全保障指南（试行）》第4.7节，"疫情期间暂停空气幕运行"这条编制。

供暖或空调公共区域的入口门厅采用贯流式空气幕是建筑节能措施，但是这种方式对行人造成较强的吹风感，而且容易造成污染物传播和扩散，所以，现在越来越多的建筑采用门斗、旋转门等方式实现建筑节能。

6.2.13 随着节能要求越来越严格，建筑的气密性越来越好，所以要求建筑送风和排风量要保持平衡，否则可能会导致送风系统无法送风或排风系统无法排风。不带独立卫生间的宿舍设置集中新风系统时，应在走廊预留设置集中排风系统的条件，并考虑疫情期间使用要增大新风量运行时的风量平衡的需求。

6.3 供暖与空气调节

6.3.1 在严寒和寒冷地区，居住建筑设置供暖系统是生活的必需，在相关规范标准中已有要求。但是，对于夏热冬冷地区一级防疫设计等级的居住建筑，为提高热舒适性，减少温度剧烈变化导致的室内人员免疫能力下降，在老年建筑的居养用房和活动室、幼儿园建筑的儿童活动室和寝室，有条件时也应设置冬季供暖系统。

6.3.2 有研究表明，新冠病毒等传染性病菌在温度较低时更容易滋生。严寒和寒冷地区冬季需要关闭外窗，室内新风主要依靠门窗渗透，新风量较少，对改善室内空气质量极为不利，因此，对于严寒和寒冷地区一级防疫设计等级的居住建筑应设置新风系统。有条件的二级防疫设计等级的居住建筑，也可以设新风系统。

6.3.3 根据丁力行教授《某空调系统室内空气微生物湿处理特性及失活动力学模型》（《制冷与空调》2015年10期）研究表

明：空调系统中存在的细菌优势菌属为芽孢杆菌、微球菌和大肠杆菌、葡萄球菌，真菌优势菌属为青霉属和曲霉属。苏辉等《微生物与室内空气品质》（《制冷空调与电力机械》2002年4期）研究表明，相对湿度控制60%以下能有效地控制大部分微生物的生长。

降低相对湿度能够有效抑制肺炎链球菌和青霉菌的存活，在相对湿度为50%的环境下，空调系统微生物含量下降得最快，最有利于创造一个相对洁净的室内环境。但是，根据卢振、张吉礼《建筑环境微生物的危害及其生态性研究进展》（《建筑热能通风空调》2006年1期）的介绍，室内空气相对湿度对气溶胶病原体的生存能力和毒性有着非常复杂的影响；某种细菌都存在一个相对湿度的矩形区域，在该区域内细菌死亡特别快。

另一方面，当室内空气相对湿度小于30%时，空气中的病毒气溶胶不容易沉降，悬浮在空气中，容易被吸入人体呼吸道，从而造成人员感染。当相对湿度大于50%时，病毒气溶胶容易沉降，在空气中的浓度降低，所以传染性下降。因此，在供暖季节，应适当提高室内空气的相对湿度。

6.3.4 新风吸入口的位置与污染源的距离，关乎室内空气质量，新风吸入口应远离污染源、与各种排风口保持一定的距离。

本导则对于新风吸入口与各类污染源的间距要求，参考了国内相关规范和 ASHRAE 62.1 的标准要求。其中新风口距场地排水明沟、行车道、街道、停车位、车库入口、交通流量高的主干道的间距引自 ASHRAE 62.1，新风口距冷却塔的距离参照现行国家标准《公共场所设计卫生规范 第3部分：人工游泳场所》GB 37489.3 要求。

6.3.5 新风系统分片、分层和按功能房间分散设置，目的是在系统、设备等出现问题时，影响区域尽可能减小，也便于疫情管控期间的分片、分区管理。

6.3.6 通过空气传播的呼吸道传染病，病菌附着在 $1\mu m\sim 5\mu m$ 的尘埃粒子上形成气溶胶，很容易被吸入肺部深处，一旦遇到易感人群或病菌浓度较高时就会造成人员感染。疫情管控期间通过加大新风量，稀释室内可能被污染的空气，并排出室外，置换室内空气，降低室内病菌浓度，从而控制疫情的空气传播风险。

2020年5月，住房和城乡建设部办公厅在发布的《公共与居住建筑室内空气环境防疫设计与安全保障指南（试行）》中，对风机盘管＋新风系统和全空气系统均要求在疫情管控期间加大新风量和全新风运行，其中"冷热末端＋新风"系统，要求新风系统设计宜满足每人所需新风量60m³/h的使用工况要求，并能在30m³/h～60m³/h的运行工况范围内高效运行。疫情管控期间加大新风量的需求，平时新风系统设计和安装一次到位，平时对系统设备做定期的检查和维护，疫情管控期间系统快速转化运行。新风系统加大新风量的设计，可采取双风机并联、风机变频等技术措施。

本条文针对一级防疫设计等级的居住建筑，新风量标准提高了要求。与本导则5.1.4条并不矛盾。

6.3.7 实践表明，新风系统的热回收装置在夏热冬暖地区和温和地区应用，对于建筑节能的贡献很小，却增加了投资成本和系统复杂程度，也容易造成新风的二次污染，所以，在这两个地区如果设新风系统，建议采用单向流新风系统。

6.3.8 对于需要设置热回收的新风系统，要求采用热管、铝箔板翅式换热器、金属材料制作的板式换热器，这一类换热器属于间接换热型，可以避免新风和排风之间的交叉污染。

转轮热回收装置有少量渗漏，无法完全避免交叉污染。因此不应使用传质型热回收设备装置，纸质换热器也不建议使用。

此条文的部分内容参考《办公建筑应对"新型冠状病毒"运行管理应急措施指南》T/ASC 08-2020第2节"通风系统"：新回风换热器应采用间接换热型（例如热管、铝箔板翅式等）；转轮式热回收设备目前不应使用；"传质"型热回收设备（例如以"纸芯"为核心的热回收装置），在目前尚无法确认纸芯对病毒的防护能力的情况下，也不建议使用。

6.3.9 空调系统末端如风机盘管、室内机在夏季运行时会产生凝结水，在积水盘内会滋生菌藻，还会发生霉变，应定期清洗或采用其他方法抑制菌藻滋生。新风和回风系统的过滤网容易滋生霉菌，所以应采用防霉措施或防霉功能。市场上也有防霉的过滤器，也可以采用其他措施杀灭过滤器或积水盘中的霉菌。

6.3.10 冷凝水管在排水时不会是满流状态，流行性传染性疾病暴发期间，空调系统的冷凝水管可能处于空管的状态。因此，冷凝水管在接入污水系统时，要采取空气隔断和设置水封的措施，以避免污水管道的污浊空气或病菌通过冷凝水管进入室内。已有 SARS 病毒和新冠肺炎病毒可以通过污水管道系统传播的案例。《公共场所设计卫生规范 第 1 部分：总则》GB 37489.1 - 2019 中，对空调冷凝水采取空气隔断的排放措施是强条。为防止空调冷凝水随意排放，造成污染，应将其集中收集，并随各区污水、废水排放集中处理。

6.4 空气洁净

6.4.1 细菌和病毒通常会附着在空气中比它们大数倍的尘埃粒子、飞沫中，空气传播是传染性疾病传播的主要途径。香港淘大花园的案例证明 SARS 冠状病毒存在气溶胶的传播途径。空气过滤器既能过滤空气中的颗粒污染物，也能过滤细菌病毒气溶胶，阻隔细菌通过通风系统进入室内环境。

综合相关的研究文献，比较一致的观点是：病毒的直径为 $0.008\mu m \sim 0.3\mu m$，SARS 病毒的尺度为 $0.06\mu m \sim 0.2\mu m$，病毒气溶胶的尺度为附着在尘埃粒子的微生物的等价直径为 $1\mu m \sim 5\mu m$，中高效过滤器可以过滤 90% 的微生物，高效过滤器的过滤效率接近 100%。提高过滤效率有利于降低空气细菌传播感染的危险性。

参照现行国家标准《综合医院建筑设计规范》GB 51039 对新风过滤的要求，将一级防疫设计等级的托儿所、幼儿园的幼儿生活和活动的区域、老年人居养用房，定义为一类功能区的"其他需要特殊保护的区域"，按一级浓度限值标准设置新风过滤，新风采集口至少设置初效和中效两级过滤。一级防疫居住建筑的其他区域，包括居住活动的区域和非正压的房间，如配套的厨房区域，可设置初效过滤器。

现行国家标准《环境空气质量标准》GB 3095 对空气质量标准的功能区分类和浓度限值的规定见表 8。

表 8 空气质量标准的功能区分类和浓度限值

分项		空气质量标准要求
功能区	一类	自然保护区、风景名胜区和其他需要特殊保护的区域
	二类	商业交通居民混合区、文化区、工业区和农村地区
年平均 PM10 （$\mu g/m^3$）	一级	40
	二级	70
年平均 PM2.5 （$\mu g/m^3$）	一级	15
	二级	35

地级市及以上城市可吸入颗粒物/总悬浮颗粒物年平均浓度见《环境空气质量标准》GB 3095 - 2012 附录 A。

设置新风系统的居住建筑，其室内 PM2.5（$\mu g/m^3$）的限值建议参考《公共建筑室内空气质量控制设计标准》JGJ/T 461 - 2019 第 3.2.2 条，如表 9 所示。一级防疫设计等级的居住建筑室内 PM2.5 目标等级为一级，二级防疫设计等级的居住建筑室内 PM2.5 目标等级为二级。在本导则中，一级防疫设计等级主要是指幼儿园、养老院，与表 9 吻合，因此室内 PM2.5 限值采用 25$\mu g/m^3$；二级防疫设计等级的居住建筑，在本导则中主要是指宿舍、一般住宅，相比于表 9 的学校教室、高星级宾馆客房、高级办公楼，人员数量少，居住时间更长，其室内 PM2.5 限值采用 35$\mu g/m^3$，也比较合理。

《建筑室内细颗粒物（PM2.5）污染控制技术规程》T/CECS 586 - 2019 也提出了相关要求。

表 9 室内 PM2.5 限值目标等级

目标等级	PM2.5（$\mu g/m^3$）	建议适用建筑类型
一级	25	幼儿园、医院、养老院
二级	35	学校教室，高星级宾馆客房、高级办公楼、健身房
三级	50	普通宾馆客房、普通办公楼、图书馆
四级	75	餐厅、博物馆、展览厅、体育馆、影剧院等其他公共建筑

6.4.2 室外空气中的细菌、病毒和灰尘等污染物，容易在新风系统和空调系统中的过滤器中滋生繁殖。调查显示，多数新风系统的过滤器存在发霉、二次污染的问题。

因此，本条规定新风系统中的过滤器应满足现行国家标准《家用和类似用途电器的抗菌、除菌、净化功能 抗菌材料的特殊要求》GB 21551.2 的抗菌、防霉功能，减少细菌、病毒在过滤器中滋生繁殖，防止过滤器发霉。

家用电器行业也颁布了具有抗菌、除菌、净化功能的产品标准，如《空气净化器》GB/T 18801、《家用和类似用途电器的抗菌、除菌、净化功能通则》GB 21551.1、《家用和类似用途电器的抗菌、除菌、净化功能 抗菌材料的特殊要求》GB 21551.2、《家用和类似用途电器的抗菌、除菌、净化功能 空气净化器的特殊要求》GB 21551.3、《家用和类似用途电器的抗菌、除菌、净化功能 电冰箱的特殊要求》GB 21551.4、《家用和类似用途电器的抗菌、除菌、净化功能 洗衣机的特殊要求》GB 21551.5、《家用和类似用途电器的抗菌、除菌、净化功能 空调器的特殊要求》GB 21551.6、《家用和类似用途空气净化器性能测试方法》IEC 63086-1 等。设计时应选择具有抗菌、防霉功能，抗菌、防霉功能的产品。也可以在新风系统中设置固定的空气净化功能段，有效杀灭空气中的微生物，防止病菌通过新风系统传播。

自然消亡率和抗菌（除菌）率，在现行国家标准《家用和类似用途电器的抗菌、除菌、净化功能通则》GB 21551.1 中是这样规定的，分别测定对照组和试验组中菌落数的初始数值和结束时数值，并依据下列两个公式计算出对空气中细菌和微生物的自然消亡率、抗菌（除菌）率。

自然消亡率

$$= \frac{\text{对照组初始时菌落数} - \text{对照组结束时菌落数}}{\text{对照组初始时菌落数}} \times 100\% \quad (1)$$

抗菌（除菌）率

$$= \frac{\text{试验组初始时菌落数}(1 - \text{自然消亡率}) - \text{试验组结束时菌落数}}{\text{试验组初始时菌落数}(1 - \text{自然消亡率})}$$

$$\times 100\% \quad (2)$$

6.4.3 居住建筑居室作为居民日常生活的场所，停留时间长，宜设置固定或移动式空气净化消毒装置以净化空气。电梯是高层建筑必须要配置的设备，轿厢是人员非常密集的场所，也是容易感染的场所，电梯轿厢的送风系统宜采用带有消毒净化功能的电梯防疫净化器，对轿厢空气和侧壁进行消毒。同时按照本导则第 5.1.2 条要求，电梯井道与室外大气可通风换气，避免井道的空气和轿厢排风内循环，污染轿厢空气。但是，对于严寒和寒冷地区要计算井道的热压，在合适的位置选择通风口，并设置可关闭的风阀。

6.4.4 微生物是室内环境污染源之一，加拿大的一项调查表明，室内空气质量问题有 21％ 是微生物污染造成的。国内外大量的调查研究证实，空气微生物是引发各种中毒、感染和过敏疾病的主要原因之一，主要引起的疾病有军团病、结核病、呼吸系统疾病和病态建筑物综合症（Sick Building Syndrome）。

保持室内清洁卫生，可有效降低室内空气微生物污染；保持自然通风，保持室内干燥是比较有效的方法。通常室外空气中微生物的数量较室内低，开窗通风将细菌和真菌等微生物稀释排出，降低室内空气微生物浓度。

定期清洗空调器、地毯和家中的纺织品。长期使用后，空调器的滤网上吸附大量灰尘，有利于微生物的滋生；军团菌常栖息在空调冷却器处，可以气雾形式播散到空气中，使人感染军团菌病。

在无法自然通风的情况下，还可以使用空气净化器或空气消毒器去除室内空气中的微生物，也可以采用有机抗菌剂和无机抗菌剂抑制和杀死微生物，减少室内环境中潜在的微生物污染源，达到控制室内空气微生物污染，改善和提高室内空气质量的目的。

空气消毒器设置应结合服务的建筑空间面积、功能和要求等匹配，避免大房间配置小设备。现行行业标准《空气消毒机通用卫生要求》WS/T 648 消毒作用时间应≤2h。现场自然条件下，用空气消毒机进行空气消毒现场试验，开机作用至说明书规定的时间，对空气中自然菌的消亡率应≥90.0%。本条参考现行行业标准《医疗机构消毒技术规范》WS/T 367 编制。

有的文章指出，室内地面尘螨的密度应低于 100 只/g 尘样。螨虫杀灭率计算方法参考行业标准《农药登记卫生用杀虫剂室内药效试验方法及评价 第 2 部分：灭螨和驱螨剂》NY/T 1151.2 - 2006。

6.4.5 严寒和寒冷地区和夏热冬冷地区，在冬季供暖期，卫生间窗户大多数时候是关闭的，为了节能的需要，卫生间排气扇通常也是关闭的。如果卫生间供暖系统开启，空气湿度下降，卫生间的地漏水封大约在 6h 就干涸，失去水封的功能，可能造成卫生间和相连房间的空气污染。如果卫生间设置消毒除臭装置，即使在卫生间地漏水封失效的情况下，或者在冬季或疫情管控期间使用，可以有效改善卫生间的空气质量。

6.4.6 生活垃圾收集站、地下室或密闭生活垃圾收集点，可以采用臭氧、过氧化氢、紫外线等消毒设备。消毒设备应设置有效的电气控制保护措施，避免对工作人员造成伤害。

住宅小区里面的垃圾点设置在地下室或其他室内空间时，应设置在一个独立的密闭空间，面积不小于 10m²，并设置独立的排风、消毒、除臭系统，排风系统不得与其他通风系统合用。

6.4.7 幼儿园、托儿所及老年人全日照料设施的治疗室、隔离室、社区卫生服务中心的治疗室、隔离室、化验室，这些建筑通常比较低矮，这些房间的排风如果不经过处理，会污染环境，影响附近行人和住户的健康，因此建议这些房间的机械排风系统中宜设置空气消毒装置。

6.4.8 生活泵房和水箱间是饮用水安全的一个重要环节，应保证室内干燥清洁，设置机械通风是有效的措施。另外，在疫情或其他特殊期间，需要进行空气消毒的，因此且应预留空气消毒装置的电源接口。

7 给 水 排 水

7.1 一 般 规 定

7.1.1 非传统水源的水质处理效果难以保证（表10），居民并不能放心使用，非常时期容易造成恐慌。如确需要非传统水源入户，应经可靠论证，采用在线实时监测等技术措施，确保非传统水源的水质稳定达标。

一级防疫设计等级的居住建筑，建筑总量不大，对水资源消耗量较少，且建筑中人员身体抵抗力和免疫能力较弱，不建议采用非传统水源入户。

表10　公共场所嗜肺军团菌环境检出情况

样品来源	检出率（％）	样品来源	检出率（％）
气溶胶	26.6	冷却塔旁土	51.6
冷却水	81.4	空调风管内壁积尘	33.8
自来水	17.3	景观土	38.9
淋浴水	36.4	花卉土	24.7
景观水	24.1		

7.1.2 每根给水立管的最高点设自动排气阀，能防止回流污染。

7.1.3 生活垃圾收集站或生活垃圾收集点既是居住建筑必须配套的设施，又是污染源。为减少二次污染，该设施应配套设计冲洗设施及洗手池。

7.2 给 水

7.2.1、7.2.2 景观浇洒采用喷洒的方式，容易产生大量的气溶胶，如果采用的是非传统水源，水中可能会存在大肠杆菌等微生物或病毒，因此本条文对浇洒方式作出规定。

景观水体采用非传统水源补水时，应对补水进行消毒等预处理后，方可补入景观水体。同时，宜对景观水体进行循环过滤处理，对水质进行在线监测，水质超标即自动报警。

7.2.3 军团菌病因 1976 美国费城召开退伍军人大会时暴发流行而得名。在冷却水中发现军团菌已经被医学证实，这是一种急性细菌性呼吸道传染病，环境中受污染的水是军团菌病的主要感染来源。军团菌可在建筑供水系统存储水的环境中存活和繁殖，包括集中空调系统的冷却塔、热水系统（淋浴系统）、室外喷泉、浴缸等。含有军团菌的水可产生气溶胶悬浮在空气中，人吸入含有军团菌的气溶胶将发生感染。

大多数健康人群感染军团菌后无发病症状，50 岁以上、吸烟者以及有慢性肺部疾病、免疫功能低下、肿瘤、基础疾病等人群感染后发病风险较高。军团菌病潜伏期一般为 2 天～10 天。一旦患病，病情常较严重。如治疗延迟或治疗不当，其病死率可高达 15％～20％。2006 年以来，我国公共场所集中空调系统（包括冷却塔）的卫生管理与监测已经常态化，检出军团菌的冷却塔须立即进行清洗消毒。

为避免冷却塔滋生军团菌，本导则要求冷却塔设置持续净化消毒和加药装置，而非 3 个月或半年一次的定期清洗，或者检出军团菌后再进行清洗消毒的事后处理方式，要求消毒净化系统在冷却塔运行期间同步运行。

7.2.4 本条参考了《建筑给水排水与节水通用规范》GB 55020 - 2021 中有关规定。2021 年，广州某小区曾发现一名人员在 $100 m^3$ 生活水池淹死，物业管理人员没有及时发现，造成不良社会影响。

另外，为预防投毒等危害社会的事件发生，建议生活水箱间在给水排水和建筑专业设计时，应考虑防范措施。

水泵吸水管应预留水质在线监测接口，并应预留水质在线监测装置的电源。

7.2.5 生活饮用水被污染的事件时有发生，所以建议在一级防疫设计等级的建筑供水系统中提前安装净水设备，二级防疫设计等级的居住建筑预留净水设备安装位置和水源、电源，由用户自行选择安装。

7.3 排　水

7.3.1 实验证明，新型冠状病毒很容易通过排水管道传播，因此地漏和水封很重要，在手按动抽水马桶后短期会出现水封失效现象，继而导致病毒传播（Kang M，Wei J，Yuan J，et al. Probable Evidence of Fecal Aerosol Transmission of SARS-CoV-2 in a High-Rise Building. *Annals of internal medicine*. 2020；173（12）：974-980. DOI：10.7326/M20-0928.）。因此，排水系统的设计应具备相应的阻断、消毒等技术措施，避免交叉感染，保证人体健康和环境安全。

1 排水系统的地漏水封至关重要，合理设置水封能有效阻隔病毒或细菌在空气中的传播，但水封高度也不应过大，否则造成排水不畅，水封高度控制在 50mm～75mm 是合理范围。在干旱地区、严寒和寒冷地区的供暖季节，地漏和季节性应用地漏容易因水封干涸而冒臭味、传播病菌，因此，对地漏形式进行了规定。并且，毛坯交房的居住建筑除马桶外，有条件时，用水器具的存水弯应一次设计、施工到位。

2 常规给水排水设计中，厨房立管与卫生间立管是分开设计，单通气管也不应合并。卫生间排水中含有致病病毒和致病菌，有着较高的风险，其排水系统的通气口会排出含有病毒的气溶胶，为此，宜设置过滤器和消毒处理装置。

对于上人屋面，常规给水排水设计通气管高出屋面为 2m，本条参考化粪池通气管设置要求，通气管高出屋面 2.5m。但台风地区及风速过大地区，应考虑对通气管穿屋面的刚性套管进行加长，建议不少于 1.5m 高度。

3 卫生间洗脸盆附近的地漏排水应与洗脸盆排水合并后设存水弯，便于用洗脸盆排水补充地漏水封，但不得重复设存水弯。

4 排水系统应能快速、安全、可靠地排出污废水，污废水不应长时间停留，考虑到住宅等家用的方便性，故规定幼儿园、宿舍等场所，洗手盆不宜设置盆塞，防止盆塞拔开放水形成自虹吸造成水封损失。

5 阳台有设备排水需求时，如洗衣机等，应设专用地漏；封闭阳台无雨水排水需求，不应设置地漏，否则存水弯干涸，造成室内空气污染。

7.3.2 生活水箱溢流管及通气管均应设 18 目防虫网，避免蚊虫通过溢水管进入水箱，造成污染。水箱溢流管及泄水管应间接排水，管口高于上沟沿不小于 200mm。可以避免排水系统污浊的气体通过此管道进入水箱。

7.3.3 现有规范明确规定厨房排水立管与卫生间立管应分开设置，但有在架空层汇合的可能，应该避免。

7.3.4 管线设计应方便对管线的维护和更换，暗装排水管道必须有明显标识，且维修方便；明装排水管线不应穿越人员较为集中的公共空间，如大堂等，否则疫情管控期间排水管道泄漏会造成人员感染，香港淘大花园的 SARS 事件，其中一个重要原因就是排水管破损漏水，造成疫情传播。

7.3.5 化粪池应避开人行出入口或人员活动场地内，检查井宜尽量避开此类场所，主要原因为：一是影响安全，国内外媒体中有大量报道，儿童将爆竹等火源投进检查井发生爆炸的事件；二是化粪池或检查井盖有透气小孔，散发臭气影响人员健康；三是化粪池清掏会对行人健康产生危害。因此，室外污水排水检查井不宜布置在人行出入口或人员活动场地内，特别是幼儿活动场地。

8 电气与智能化

8.1 一般规定

8.1.1 居住区、园区的物业管理系统中，应设置防疫管理的模块，包括居住区、园区内用户信息和流调信息的大数据管理和汇总，出入口人防、车辆等管理记录统计，以及防疫知识的宣传板块。实现人口、访客、房屋、车辆、资产、交通、租赁、运维、仓储、档案等管理数字化。机动车、非机动车、行人交通档案，除了采集车辆登录信息外，还需要完善交通轨迹、黑白名单等相关信息。

8.1.2 可以家庭为单位，对居住用户设置如血压、血氧、体重、脉搏、血糖等健康监测传感器，并将居民的健康医疗数据信息汇总至互联网云平台进行数据存储、数据整理、数据分析，与远程医疗资源对接，满足居民的健康医疗需求，建立健康档案管理以辅助居民健康管理，同时为精准防疫提供依据。

随着传感器技术和网络技术尤其是无线网络技术的应用，催生了大量的具有网络传输能力的便携健康终端，可以检测物理生理指标（如体温、血压、心率/脉率、呼吸、血氧、血糖）和电生理指标（如心电、脑电、肌电）等，并支持通过网络实时上传数据。

对于高龄老年人或者具有一定生命风险的慢性病老年人，宜配备可穿戴式健康终端，实时监测他们的生命特征指标（如呼吸、血压、心跳等）变化情况。如果出现危急情况，便于迅速发出预警或求救，从而得到及时的急救处置。健康报告宜包括老年人基本健康信息、病例病史、医疗诊治记录、健康情况综合评价等内容，为医疗机构的诊疗服务提供依据。

老年人的家属可通过多样化的显示终端实时掌握老年人每天

的身体情况、护理情况、日常活动，各项消费及可用余额。老年人居家即可完成常规体检，并可以浏览、查询自己的体检状态、常见药物和医疗服务等，也可以转发健康信息到亲友、家庭医生或其他综合医院进行咨询。老年人应能在线面向医疗机构实时发起健康咨询，医疗机构应能远程为老年人提供疑难解答和健康指导，包括远程健康养生指导、远程心理咨询服务、远程精神慰藉服务等。

8.2 供配电设计

8.2.1 疫情期间的实践表明，核酸检测、临时服务人员居住、临时快递分发等疫情期间的临时功能都安排在建筑总平面的缓冲空间，这些空间涉及照明、通风、空调、消毒、通信等的用电，要根据缓冲空间面积的大小，与应急系统协调，统一做好预留。

8.2.2 本导则第5.1.11条中，要求居住区预留消毒、保洁机器人停放处，因此，应预留机器人充电电源。

8.2.3 疫情期间，很多开发商做了一些创新的防疫设计。住户的问卷调查也表明，入口玄关处是客户关注点。通常，鞋柜也在玄关处，预留消毒器的电源，方便住户采取消毒措施。

疫情期间，餐具消毒柜的销售量大增，说明住户对于餐具的卫生消毒越来越关注，市场上洗碗消毒一体化的产品种类也越来越多。

厨余垃圾粉碎机也有使用，虽然这种产品可能会存在排水管道堵塞的风险，但是确实能减少厨余垃圾，改善环境，特别是人员居住密度较大的特大城市，具有一定的市场。

净水器也是很多家庭的标准配置，净水器种类较多，但是大多数家庭采用的是有增压泵的产品。因此，厨房电气设计时，应预留以上几种电气产品的电源。

8.2.4 紫外线消毒灯具有无色、无味、无化学物质遗留的优点，但是也存在明显的缺陷，如果没有防护措施，极易对人体造成较大伤害。如果裸露的肌肤被紫外灯长时间照射，轻者会出现红肿、疼痒、脱屑；重者甚至会引发癌变、皮肤肿瘤等。同时，它也是眼睛的"隐形杀手"，会引起结膜、角膜发炎，长期照射可能会导致白内障。因此，紫外线消毒灯应采用智能化控制装置，保障紫外灯消毒时不会对人体造成伤害。

8.3 非接触设施

8.3.1 居住区、园区应设置安防监控系统，包括在出入口设置人员信息核验设备，统计用户出入的信息等，系统需满足人员统计和回溯的要求。主入口应设置智能红外体温自动检测装置或基于热电堆红外传感器的非接触测温装置，可确保安全，避免交叉感染。红外体温自动检测装置需可在距额头 0.5m～2m、持续 1s～2s 左右完成测温，测温精度 ±0.3℃，宜具备数据强关联功能，可记录测温人员的身份信息、体温、测量位置、测量时间等数据，并具备数据上传、查询、对比以及统计分析功能。另外，设备应能满足在室外炎热和寒冷气候条件下使用，不会出现误报、错报的情况。

需特别注意的是，采用人员信息核验系统，应遵守国家的有关规定，并采取有效措施防止信息泄露。

8.3.2 采用非接触门禁系统，既可以提高通行效率，又可以减少传染病菌附着在物表面造成的传染。此技术已经在很多建筑中得以应用，但是需特别注意业主和客户个人信息保密，物业服务需做好相应的管理工作。

8.3.3 居住区、园区电梯宜具有智能呼梯功能，可采用刷住户卡、手机 APP、可视对讲刷脸识别后，自动与呼梯功能联动，非接触使用，降低疫情传染风险。

8.3.4 托儿所、幼儿园每天早晨入园的小朋友都要求晨检，目前多采用的是观察、询问等人工近距离接触的方式。本导则建议采用红外自动测温等设备辅助晨检，不但可以提高效率，还可以减少接触。选择仪器时，需要考虑室外气温和光线可能对仪器设备精度的影响，应选择性能稳定、精度满足检测标准的仪器设备。

8.3.5 人体接触是传染性疾病较为常见的一种途径传播。公共卫生间应采用非接触式感应水龙头、烘手器及相关消毒设施，减少接触传染的风险。

8.4 环境与设备监控

8.4.1 根据垃圾分类的要求，利用物联网、云计算、AI智能识别等技术，在居民将垃圾投入智能垃圾分类箱后，垃圾桶可智能识别垃圾是否正确分类，通过桶内安装的重量传感器，对垃圾自动称重，并将回收设备的状态（位置监控、投放监控、满载报警、分类智能报错、离线报警）实时上传数据平台。通过对垃圾的智能处理，最大限度地利用垃圾资源，减少人工成本，减少垃圾处置量。

8.4.2、8.4.3 管理者可通过空气质量监测系统保障住户的居住环境质量。室内和室外环境监测关键空气质量指标包括防疫及室内空气质量相关的其他指标：

　　1 室内监测参数：室内温度、相对湿度、可吸入颗粒物、二氧化碳、TVOC、PM10、PM2.5、地下车库CO浓度等；

　　2 室外监测参数：PM10、PM2.5、室外温度、相对湿度、风速等。

　　室内空气中的氨、甲醛、苯、总挥发性有机物、氡等污染物浓度应符合现行国家标准《室内空气质量标准》GB/T 18883的有关规定。

　　监测仪器采样口离建筑物墙壁、屋顶等支撑物表面的距离应大于1m。监测高度宜距离地面3m～15m。系统宜支持GPRS、有线或无线局域网、RS485总线等数据传输模式；宜支持移动终端等多样化的显示终端应用，提升系统实际应用价值。

　　室内颗粒物PM2.5年均浓度应不高于$35\mu g/m^3$。PM10年均浓度应不高于$70\mu g/m^3$。室内CO_2浓度的数据采集、分析系统宜与通风系统联动。地下车库宜设置与排风设备联动的CO浓度监测装置。

对于一级防疫设计等级的居住建筑，如幼儿园、托儿所、养老院等，应监测微生物浓度，以满足现行国家标准《室内空气质量标准》GB/T 18883 和本导则第 5.1.6 条的规定。

8.4.4 生活饮用水水质应按照现行国家标准《生活饮用水卫生标准》GB 5749 和现行行业标准《饮用净水水质标准》CJ/T 94 的要求进行水质监测、预警，向使用者提示用水安全。

2021 年 6 月，深圳南山区一个住宅小区的给水排水管道渗漏，给水系统遭到污染，持续 2 个多月时间，对居民生理和心理造成较大的伤害。另外，生活水箱里发现死老鼠、淹死的野猫的现象很多，均因为没有水质监测系统，居民和物业公司无法立即知晓。

有些城市的自来水公司为了避免此类情况的发生，把水箱纳入管辖范围，不让物业对水箱的水质进行监测和清洗，但没有解决根本问题。如果设置水质监测系统，监测的数据对政府机构、物业、业主共同开放，共同监督，水质可能会更有保障。

8.4.5 采用非传统水源供水的居住建筑，必须对二次供水的水质进行在线监测并预警，检测项目主要为消毒剂余量、pH 值、浊度、TDS 参数。并定期检测大肠杆菌等微生物指标。

疫情管控期间，应进行"平疫转换"，应采用自来水替代非传统水源供水。采用自来水补水时，应确保补水管口的空气间隙符合国家有关规范的要求。

9 健康服务设施

9.1 一般规定

9.1.1 社区配套医疗和健康服务机构能有效减少住户的医疗成本，是我国"健康中国"战略的具体体现。社区居民不但可以就近接种疫苗，如果感染流行性疾病，也可以在最快的时间得到治疗，避免大面积传播。在现阶段的土地出让条件中，大多都已配套社区医疗和健康服务建筑面积，因此实施难度不大。

北京市地方标准《健康建筑设计标准》（报批稿）第 3.1.7 条，卫生服务中心（社区医院）的服务半径不宜大于 1000m，社区卫生服务站的服务半径不宜大于 300m。

《城市居住区规划设计标准》GB 50180 - 2018 中：第 5.0.1 条第 3 款，五分钟生活圈居住区配套设施中，社区服务站、文化活动站（含青少年、老年活动站）、老年人日间照料中心（托老所）、社区卫生服务站、社区商业网点等服务设施，宜集中布局、联合建设，并形成社区综合服务中心，其用地面积不宜小于 0.3hm²。表 B.0.1 十五分钟生活圈居住区、十分钟生活圈居住区配套设施设置规定中，卫生服务中心（社区服务中心）为十五分钟生活圈居住区应配建项目，宜独立占地设置。表 B.0.2 五分钟生活圈居住区配套设施设置规定中，社区卫生服务站为根据实际情况按需配建的项目，可联合建设。表 C.0.1 十五分钟生活圈居住区、十分钟生活圈居住区配套设施规划建设控制要求中，卫生服务中心（社区医院）的建筑面积 1700m² ~ 2000m²，用地面积 1420m² ~ 2860m²，服务内容包括预防、医疗、保健、康复、健康教育、计生等，设置要求：（1）一般结合街道办事处所辖区域进行设置，且不宜与菜市场、学校、幼儿园、公共娱乐场所、消防站、垃圾转运站等设施毗邻；（2）服务半径不宜大于

1000m；（3）建筑面积不得低于 1700m²。表 C.0.2 五分钟生活圈居住区配套设施规划建设控制要求中，社区卫生服务站的建筑面积 120m²～270m²，服务内容包括预防、医疗、计生等，设置要求：（1）在人口较多、服务半径较大、社区卫生服务中心难以覆盖的社区，宜设置社区卫生站加以补充；（2）服务半径不宜大于 300m；（3）建筑面积不得低于 120m²；（4）社区卫生服务站应安排在建筑首层并应有专用出入口。社区卫生服务站可与药房、托老所综合设置。

《深圳经济特区健康条例》（2020 年 10 月 29 日通过）规定，应当建立健全以区域医疗中心、基层医疗联合体、专业公共卫生机构为主体的优质高效卫生健康服务体系。以行政区或者若干个街道为服务区域划分健康管理服务片区，整合片区内的医疗卫生资源，组建由三级医院或者代表片区内医疗水平的医院牵头，社区健康服务机构和其他医疗卫生机构参与的基层医疗联合体，为片区内居民提供预防、诊疗、营养、康复、护理、健康管理等一体化、连续性的健康管理服务。

应当加强社区健康服务机构建设，每个社区至少设立一家社区健康服务机构，将社区健康服务机构作为居民健康管理服务的基础平台，为居民提供健康管理服务，并为健康社区建设、突发公共卫生事件应急处置等提供卫生健康技术支持。

9.1.2 居住区、园区附近应具备应急处置的条件，满足疫情、灾害等突发事件时的需要。

9.2 医疗与健康配套

9.2.1 十五分钟生活圈内，宜配套社区卫生服务中心、社区卫生服务站等医疗服务机构，服务半径不超过 1km。社区卫生服务中心应能提供疫苗接种服务和远程诊断服务，方便社区人员步行到达，减少乘坐交通工具引起的劳顿和疾病传播。十五分钟生活圈的要求参照现行国家标准《城市居住区规划设计标准》GB 50180 的有关规定。

9.2.2、9.2.3 2019 年，民政部印发《关于进一步扩大养老服务供给，促进养老服务消费的实施意见》，提倡社区养老和居家养老，到 2022 年，力争所有街道至少建有一个具备综合功能的社区养老服务机构，有条件的乡镇也要积极建设具备综合功能的社区养老服务机构，社区日间照料机构覆盖率达到 90％以上。

在街道层面建设具备全托、日托、上门服务、对下指导等综合功能的社区养老服务机构，在社区层面建立嵌入式养老服务机构或日间照料中心，为老年人提供生活照料、助餐助行、紧急救援、精神慰藉等服务。

有条件的地方可通过购买服务等方式，采取老年餐桌、上门服务等形式，大力发展老年人急需的助餐、助浴、助急、助医、助行、助洁等服务。

因此，居住区设计时应预留条件，为后续的社会养老服务机构入驻提供条件。

9.2.3 居住区应配置基本的医学救援设施，要通过培训，提升居民急救意识，学会正确呼救；通过培训，组建一支专业的急救志愿者队伍，必要时发挥重要作用；要配备必要的急救设备，如 AED（自动体外除颤器）以及满足日常急症的急救配件包，有条件的社区配套智能机柜，关键时刻警报响起，引导急救人员取用 AED 赶往施救。

利用互联网技术，构建公众急救调度系统，串联所有急救资源，高效调配，减少信息误差。后台系统与呼唤 APP 互联互通，高效匹配急救资源，高效率运作。

9.2.4 应配套物业服务的互联网平台，与社区医疗服务、医疗救护等系统和健康服务互联互通，提高住户保健、就医、紧急呼救的便捷程度，全面保障住户健康。

9.3 生 活 配 套

9.3.1 疫情管控期间，城市公共交通受到极大限制，如果在步行范围内无法购买生活必需品，势必影响居民的日常生活。因此建议在十分钟生活圈内，应配套生鲜超市、餐饮等必要的生活设施。十分钟生活圈的要求参照现行国家标准《城市居住区规划设计标准》GB 50180 的有关规定。

9.3.2 应配套适合不同人群的室内外健身用房，以便于居民方便地获得锻炼，提高居民身体素质，增强抵抗力，降低感染率。为提高健身者的动力和乐趣，健身用房内宜配置自助式体质检测、智慧运动处方设备或仪器。

健身设施的设计和健身器材的选择，应方便使用，同时避免安全隐患，防止器械对人员身体造成伤害。

9.3.3 老年人全日照料设施应配套公共食堂，并为老年人提供特殊膳食、送餐等服务，方便老人的特殊需求。现在，很多日间照料机构也提供老年人的膳食服务。

10 运营与维护

10.0.1 在 2020 年初的疫情管控期间，住房和城乡建设部、国家卫健委、民政部、教育部及各省市都下发了新型冠状病毒肺炎疫情防控工作指引，对物业服务公司防疫做出了相应的规定，例如民政部《养老机构新型冠状病毒感染的肺炎疫情防控指南（第二版》（2020 年 2 月），教育部《幼儿园新型冠状病毒肺炎防控指南》《中小学校新型冠状病毒肺炎防控指南》《高等学校新型冠状病毒肺炎防控指南》（2020 年 3 月）。各地也都分别发布了类似的工作指引，如《广东省物业管理区域新型冠状病毒感染的肺炎疫情防控工作指引（试行）》（2020 年 2 月）、《深圳市物业管理区域新型冠状病毒肺炎疫情防控工作指引（试行）》（2020 年 2 月）等一系列文件。为了应对可能发生的疫情，物业公司应根据所在地的政府要求以及所服务的物业类型，制订防疫管理应急预案，未雨绸缪。

10.0.2 物业服务消毒操作流程应遵守专业机构发布的标准，严格规范。不应过度消毒造成人员伤害，也不应消毒不彻底影响消杀效果。物业服务企业在服务业主防疫的同时，也应保证企业员工自身的健康安全。

10.0.3 会所、棋牌室和活动室等人员密度较大的公共场所，应经常开窗通风，特别是夏热冬暖地区和温和地区。这些公共区域通常需要进行二次装修，二次装修时物业是需要参与并提供意见的，因此本导则要求，公共场所地面应选择易于清洁消毒的装修材料，不应使用地毯等易集尘材料。

10.0.4 居住建筑公共场所的分体式空调或其他电器，通常是物业服务公司入住后购买，应选择具有抗菌、除菌功能的产品。

10.0.5 业主购买的空气净化器、新风机，大多数都需要定期更换滤芯，但是部分业主可能并不清楚或无法更换，如安装在卫生间或厨房吊顶中的新风机，其过滤器更换难度就比较大，业主可能无法更换。产品生产企业无法提供及时的售后服务，因此，建议对物业服务人员进行相关技能培训，以具备更换过滤器等服务的能力，或者引进专业的技术服务公司。

10.0.6 北京市《健康建筑设计标准》（报批稿）第 3.1.6 条第一款：垃圾收集站、点应进行垃圾物流规划，合理设计垃圾清运路线，避开场地主要出入口、通道及主要人流。

运送垃圾、废物、换洗被服等污物的容器应密闭，运输车辆不应穿越人员活动密集的区域。在垃圾容器和收集点布置时，重视垃圾容器和收集点的环境卫生与景观美化问题。如果按规划需配垃圾收集站，应能具备定期冲洗、消杀条件，并能做到及时密闭清运。

容器和收集点的位置固定，尽量避开场地、建筑主要人行出入口及通道，置于隐蔽、避风处，避免其散发的污染物对周边行人造成干扰，设置清晰的引导标识，同时与周围景观相协调。

垃圾物流规划应满足垃圾专用车辆的交通和清运要求，同时应尽量减低对使用者的影响，避开主要人流，降低污染物感染风险。

10.0.7 保安和保洁等感染风险较高的工作环境，如岗亭、垃圾站、垃圾点、垃圾桶应易于清洁消毒，不应有死角。疫情管控期间相关易接触感染人员，应定期核酸检测，有条件时，居住环境应进行定期消毒或采用人机共处的空气消毒器进行消毒，同时应加强管理，外出和聚会要进行报备。

10.0.8 在 2022 年 5 月 9 日国务院联防联控机制召开的电视电话会议中，指出我国疫情防控进入应对奥密克戎病毒变异株流行新阶段，要进一步压实"四方"责任，落实"四早"要求，升级防控标准，提高应对处置能力，提升监测预警灵敏性，大城市要建立步行 15 分钟核酸"采样圈"，拓宽监测范围和渠道，及时公开透明发布疫情信息。

核酸采样检测是掌握疫情情况的有效措施，但是，在疫情期间，发生了多起核酸采样过程中人员被感染的案例，例如，2021年扬州市广陵区湾头镇联合村核酸采样点设置不规范，现场组织混乱，导致在该采样点多名人员在采样时被感染的事故。

因此，核酸采样场所应露天布置且自然通风良好，人员排队时有足够的安全距离，从而减少人员的密切接触，降低交叉感染的风险。

10.0.9 疫情期间，多个物业公司采用专用机器人辅助消毒、保洁，得到业主的认可，办公楼、酒店采用机器人保洁、送餐等服务也较为常见。采用机器人保洁消毒，一方面可以降低物业保洁的工作强度，提高工作效率，更主要的是降低物业保洁人员感染风险。随着技术的进步，成本的降低，物业保洁消毒机器人的应用会越来越普遍。

10.0.10 疫情期间，公共区域的通风空调系统运行管理应符合行业标准《新冠肺炎疫情期间办公场所和公共场所 空调通风系统运行管理卫生规范》WS 696-2020 的要求。另外，2020 年 2 月 12 日，国务院应对新型冠状病毒肺炎疫情联防联控机制综合组印发了《新冠肺炎流行期间办公场所和公共场所空调通风系统运行管理指南》。空调通风系统的常规清洗消毒应当符合行业标准《公共场所集中空调通风系统清洗消毒规范》WS/T 396-2012 的要求。

当发现新冠肺炎确诊病例和疑似病例时，在疾病预防控制中心的指导下，对空调通风系统进行消毒和清洗处理，经卫生学评价合格后方可重新启用。

10.0.11 居住区的排水系统直接接纳并处理居民日常生活各类污水，特别是可能来自分散感染者排放的污水，新型冠状病毒有可能存在从马桶到排水管网、检查井、化粪池的潜在传输与暴露路径。新型冠状病毒的主要传播途径为呼吸道飞沫传播和接触传播，而污水系统的运行操作过程中，从业人员存在直接接触、飞沫及气溶胶吸入等途径的暴露风险。因此，疫情期间不应清掏化粪池、排水沟。也不应清洗生活水箱，避免污染饮用水。

10.0.12 住房和城乡建设部办公厅 2020 年 5 月 19 日发布的《重大疫情期间城市排水与污水处理系统运行管理指南（试行）》第 5.5.3 条 应暂停污水处理厂内以再生水为水源的景观喷泉、景观瀑布等。第 5.5.4 条 宜暂停与人体直接或间接接触的再生水利用途径，如再生水用于城市杂用水（市政道路喷洒、洗车、居民小区杂用、园林浇灌等）。确需利用再生水时，应加强再生水消毒、出水粪大肠菌群数检测和用水端余氯含量检测。本条依据以上的规定编制。

10.0.13 国家的防疫政策在不断优化调整，对于居住区出现传染性疾病感染者，每个城市和地方政府的处理方式都不尽相同。物业服务应按照国家和地方政府的规定，配合政府进行隔离、消毒等管控工作。

统一书号：15112·40321

定　价：　**39.00**　元

ICS 91.040.30
P 33

中国建筑学会标准

T

T/ASC 27－2022

居住建筑防疫设计导则

Guidelines for epidemic prevention design of
residential buildings

2022－09－09　发布　　　　2022－11－01　实施

中 国 建 筑 学 会　　发布